重庆市职业教育学会规划教材／职业教育传媒艺术类专业新形态教材

产品造型设计与项目实践

CHANPIN ZAOXING SHEJI YU XIANGMU SHIJIAN

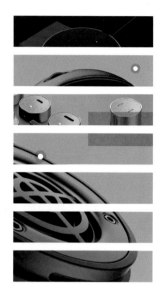

主　编　**黄诗鸿 刘　蘅**

副主编　**李　采 侯静雯 杨晓棠**

重庆大学出版社

图书在版编目（CIP）数据

产品造型设计与项目实践 / 黄诗鸿, 刘蘅主编. --
重庆：重庆大学出版社, 2024.1
职业教育传媒艺术类专业新形态教材
ISBN 978-7-5689-3727-6

Ⅰ . ①产… Ⅱ . ①黄… ②刘… Ⅲ . ①工业产品—造
型设计—职业教育—教材 Ⅳ . ①TB472.2

中国国家版本馆CIP数据核字（2023）第197148号

职业教育传媒艺术类专业新形态教材

产品造型设计与项目实践
CHANPIN ZAOXING SHEJI YU XIANGMU SHIJIAN

主　　编：黄诗鸿　刘　蘅
副主编：李　采　侯静雯　杨晓棠
策划编辑：席远航　蹇　佳　周　晓
责任编辑：周　晓　　装帧设计：品木文化
责任校对：王　倩　　责任印制：赵　晟

重庆大学出版社出版发行
出版人：陈晓阳
社　　址：重庆市沙坪坝区大学城西路21号
邮　　编：401331
电　　话：（023）88617190　88617185（中小学）
传　　真：（023）88617186　88617166
网　　址：http://www.cqup.com.cn
邮　　箱：fxk@cqup.com.cn（营销中心）
全国新华书店经销
重庆三达广告印务装璜有限公司印刷

开本：787mm×1092mm　1/16　印张：6　字数：116千
2024年1月第1版　　2024年1月第1次印刷
印数：1—3000
ISBN 978-7-5689-3727-6　　定价：49.00元

前 言
FOREWORD

  《产品造型设计与项目实践》是针对产品设计初学者学习造型设计的教材，该教材的内容涵盖了从产品造型的基础学习讲解一直深入到产品造型的完整方案实践。教材结构采用先导入项目任务的方式，然后再进行知识点的讲解，这样学习者可以先了解本次任务要解决的问题，然后在学习知识点时可以有一个明确的学习目标，并能将问题带入学习过程中。

  本教材可作为学生的教材，同时也适合教师用于指导学生的练习实践。教师可利用教材中的项目任务和实例，指导学生进行相应知识点的练习。教材以"练中学，学中练"的模式为主线。

  教材内容共分为四个章节，前两个章节介绍了造型设计的基础知识和方法，后两个章节则着重于实践应用。每个章节都包含相关主题的项目，每个项目解决一个方面的问题。在每个项目下，任务被分解为多个步骤，通过逐步解决问题的任务分解方式，层层递进地完成项目。

  在第一章中，项目一和任务一要解决的核心问题就是认识和归纳产品的外轮廓与大形。第二章，通过两个项目解决两个核心问题，项目一主要学习产品造型的构成要素，通过两个任务的分解，认识组成造型的形态要素和视觉要素。项目二主要学习通过组合构成了解形态构成的方法。第三章，是产品造型设计应用与实践章节，通过学习常见的改良设计方法和仿生设计，对造型进行应用，并从与产品相关的功能、结构、场景等因素出发，练习电器设计、操纵调节装置设计、灯具设计，把功能、结构、使用方式、场景等与造型联系在一起，从整体思考产品设计。第三章一共包含四个项目，解决了四个核心问题。项目一通过介绍改良设计知识，将改良设计的方法应用到生活用品的造型练习中。项目二主要学习从功能出发设计造型，并通过三个任务将其应用于电器设计、操纵调节装置与旋钮按钮装置的练习中，将功能因素与造型联系起来。项目三分两个任务，从仿生的结构入手将结构因素与造型联系起来，并通过仿生设计知识的介绍，将结构与仿生的方法应用到造型练习中。项目四从场景出发，通过两个任务分析场景与造型的融合，并应用于灯具设计练习中。第四章有两个项目，是产品造型设计案例鉴赏与分析章节，从文化和人们的需求出发进行造型设计实践。通过分析两个学生获奖作品案例的设计流程，学习产品造型从思维到图纸的完整过程。项目一主要通过两个案例的分解介绍文创产品设计的方法与程序，项目二通过案例分解创新产品设计的方法与流程。

　　本教材中使用的一些案例和图片来源于网络，其中一些图片的实际来源无法查找到，如有侵权请联系作者删除。

编　者

2023 年 9 月

目　录
CONTENTS

第四章　设计案例鉴赏与分析

参考文献

第一章｜从认识产品造型开始

项目一 概述

　　产品造型设计是产品造型设计专业的基础核心课之一，它主要通过激发设计者的创造力和想象力，培养将外形与产品的功能、结构、材料、色彩、使用方式、环境等因素统一思考的造型能力，并培养设计者对美的形态的艺术感受力，对立体形象的直观鉴赏能力。通过这样的训练，能使设计出的产品形态变化万千，丰富多彩，所以造型设计是一种创造性的活动。造型在词典中的解释是指塑造物体特有形象，也指创造出的物体形象。我们生活中的产品就是通过设计师塑造形象来呈现现出来的。然而，在学习产品造型的最初阶段，我们往往会对从何处入手产品造型设计这种创造性的活动产生疑问，我们在学习的时候如何开始进行这种创造性的活动呢？产品造型设计就是对形态的设计吗？事实上我们在生活中看到的产品传达的信息不仅仅限于形态，还包含与产品相关的诸多其他因素。

　　产品造型设计不仅仅是针对单一的形态或形状进行设计，而是对与产品相关的诸多因素构成的网络进行考虑，网络的组成部分有功能、结构、材料、色彩、使用方式、环境、使用者信息等。东京大学池边阳教授的设计网络图（图1-1）向我们解释了，设计时我们可以根据设计的条件、目的、出发点和不同的思考途径，做出各种变化，最终就可以得到有个性的产品形态。产品造型设计离不开设计系统的网络。

　　因此，设计者在进行产品设计时需要应用对美的形态的艺术感受力，对形态的直观鉴赏力，以使所设计的产品形态与功能、环境、使用者等因素匹配，只有使产品形态与产品相关的诸多因素相互融合，才能设计出有个性的、有创意的产品形态。所以，我们要认识到产品的造型不是孤立的设计因素，而是和其他与产品有关联的功能、结构、材料、色彩、使用方式、环境和使用者信息等诸多因素相互影响和相互作用的。因此，在进行产品造型设计时，不能脱离其他因素单独进行产品外形的设计。便携式折叠衣架就是从考虑产品的功能与结构出发进行的产品造型设计，通过折叠的结构解决了方便携带的问题，将产品的结构、功能与造型融合在了一起（图1-2）。

　　在初学阶段，为了更好地认识产品的造型，我们可以从外轮廓形态入手。认识产品造型的外轮廓，有利于我们简单地分析产品的大形，并有助于进一步深入思考产品的造型中的形状的组合，从而思考造型与产品功能、结构、材料、色彩、使用方式、环境、使用者等因素之间的联系。这样的认识有助于引导我

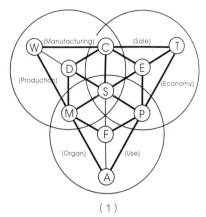

W/Work	加工、组合、作业方式
C/Cost	量产性与费用成本
T/Tradition	历来的样式/生活方式等
P/Purpose	使用目的
A/Appearance	美学条件
M/Material	广义的材料
D/Distribution	运送方式/运送量等流通方式
E/Enviroment	环境的支配条件
F/Function	功能
S/Standard	广义的标准（含规格法规等）

（1）　　　　　　　　　　　　　　　　　（2）

图 1-1　池边阳教授的设计系统网络图（组图）

图 1-2　便携式折叠衣架

们形成系统的设计思维，并培养设计者将外型与产品的功能、结构、使用方式、材料、色彩等设计因素统一思考的造型技巧。

项目二　归纳产品形态外形

项目介绍

通过使用平面几何形来归纳产品形态外轮廓，我们可以初步认识简单产品造型的大形，同时也要思考产品外轮廓与产品功能、结构、材料、色彩、使用方式、环境、使用者等因素之间的联系。这种思考可以帮助我们进一步探究产品的造型中的形状的组合方式，通过这样的学习能够培养认识形态与归纳形态的能力，为后续的造型设计打下基础。

项目任务

1.项目要求

（1）项目名称：归纳产品外形

（2）项目时间：2课时

（3）训练目的：

A.通过训练能认识产品形态。

B.通过训练能归纳产品外轮廓大形，并进一步思考产品外轮廓与产品功能、结构、材料、色彩、使用方式、环境、使用者等因素之间的联系。

C.通过训练培养观察能力、思考分析能力、口头表达能力等。

（4）教学要求与方法

A.理论采用多媒体讲解

B.项目实践分组训练，教师指导。

C.教学手段可采用实例教学或其它多样化方式，因材施教。

（5）作业评价

A.归纳与分析的合理性。

B.口头表达的逻辑性，团队协作的配合与分工的合理度。

2.项目内容：用直线形与曲线形归纳产品外形

（1）第一阶段：分析直线产品的外形

选择由直线构成形状的产品，然后观察该产品的外轮廓，以确定适合概括归纳的直线形外形，如矩形、正方形、三角形、菱形、多边形等由直线构成的几何形状。

作业形式：

选择6种外形为直线形的产品，使用直线几何形（如矩形、正方形、三角形、菱形、多边形等）来描绘每个产品的产品外轮廓。并归纳直线型外形给人的视觉感受，总结每个直线型外轮廓产品主要具有哪些功能，将归纳结果整理成图文资料表现在PPT上。

（2）第二阶段：分析曲线产品的外形

选择由曲线构成形状的产品，然后观察该产品的外轮廓应该用哪种曲线形外形来概括归纳，如圆形、椭圆形、扇形、波浪形等，这些是由曲线构成的几何形状。

作业形式：

选择6种外形为曲线形的产品，使用曲线几何形状（如圆形、椭圆形、扇形、波浪形等）来描绘每个产品的产品外轮廓。并归纳曲线形外形给人的视觉感受，总结每个曲线形外轮廓产品主要具有哪些功能，将归纳结果整理成图文资料表现在PPT上（图1-3）。

直线形产品外轮廓　　　　　曲线形产品外轮廓

图 1-3　不同线形的产品外轮廓

3.项目知识点：形态认知

我们设计出来的工业产品都是人为形态，是为了满足人们的特定需求而创造出来的。在创造性的造型活动中，产品形态是产品的最终呈现状态。形态包含的不仅仅是单一的形状信息，还由与产品相关的许多因素构成的网络组成（图 1-4）。然而，消费者在接触到产品形态的第一时间，主要是通过视觉与产品的外部形态建立联系，因此，在学习过程中，我们首先需要对形态有一个初步的认知。

图 1-4　产品相关因素构成的网络图

为了更简单、直观地认识产品形态，我们可以从观察产品的外轮廓大形开始，因为产品的外部轮廓形态是产品与环境的界限，通过观察能够更清晰地了解产品的大体形状。接着，我们可以深入分析产品形态的构成以及产品形态的三维立体空间构成，最终在设计产品外形时更清晰地掌握产品的具体形态。为了观察和认识所有产品的外轮廓大形，我们可以用简单的二维图形进行归纳。

3.1　用平面几何形归纳产品形态

我们生活环境中物体的形态各异，丰富多样的轮廓外形组成了我们世界中的产品，轮廓的外形主要由平面上封闭的线条构成，也被称为轮廓线，它们是构成产品外部形态的线条，也是产品与外界环境的分界线。轮廓线是在学习造型设计时最易于辨认的元素，认识产品的轮廓线可以更好地帮助我们认识和总结产品的造型。轮廓线基本上可以抽象为直线形和曲线形两大类。直线形是由直线构成的形状，如矩形、正方形、三角形、菱形、多边形等。曲线形是由曲线构成的形状，如圆形、椭圆形、扇形、波浪形等。

（1）直线形

前面提到，直线形是由直线构成的形状，如矩形、正方形、平行四边形、三角形、菱形、梯形、多边形等外轮廓以直线为主的形态，直线形的形状构成的造型给人稳定、水平、宁静、安全的视觉感受。在现实的生活场景中，我们可以看到很多以直线形为主构成的产品形态，比如家具中的桌子、柜子、椅子、床以及电器中的电视、冰箱、空调、微波炉等。这些产品之所以采用直线形态，有以下原因：一些是基于产品功能的考虑，如家具中的桌子、床需要平直的工作平面，这样的直线形状能更好地满足人们对功能需求的要求，桌子平直的工作平面便于放置物品和人们在上面进行操作（图1-5）；一些是基于产品使用环境的考虑，如电器中的电视、冰箱、空调、微波炉，家具中的柜子等需要与墙面、台面和空间配合进行安装，平直的形态更适合与我们生活的空间使用相协调。空调和柜子的直线形态能更好的配合墙面和室内空间（图1-6）。

（2）曲线形

曲线形是自然界中常见的形状，给人以舒适、自由、休闲、运动的视觉感受。在我们了解的形态中，圆形、椭圆形、扇形、波浪形等外轮廓都主要由曲

图1-5　餐桌和墙线以直线为主

图1-6　空调和柜子的外轮廓以直线形为主

图 1-7　盘子、风扇外轮廓以曲线形为主　　　　　　　　　图 1-8　风扇

线构成。在我们日常生活中接触到的产品中，例如水杯、碗碟、脸盆、灯具、风扇、轮胎等（图 1-7），这些产品的外轮廓主要采用曲线形态。这些产品之所以选择曲线形态，有以下主要原因：一些是基于产品功能的考虑，如风扇、轮胎等需要通过曲线中的圆形产生运动，流畅的曲线更能完成运动的功能；一些是基于产品与使用者的关系的考虑，如水杯、碗碟等在使用中需要与人的手、口部位接触，曲线形态更能契合人的使用状态；还有一些是基于装饰需求的考虑，如灯具的曲线形设计，主要是为了在空间中营造舒适、放松、休闲的视觉感受，流动的曲线能够让人产生轻松的心理情绪。

　　需要注意的是，我们生活中的物品并不是每一种产品的形态都是由纯粹、单一、规则的几何形状构成的。实际上，我们生活中的物品和产品形态千变万化，每一个物体的形状都可能会包含几何形中的一个或几多个要素，风扇的造型就是由几个要素共同构成的（图 1-8）。但我们观察时，可以将所有的物体或产品视为以这些基本形为主。通过抽象出产品整体外形，或归纳出产品的主要大形，有助于我们更加容易把握产品的大轮廓，认识产品的大形。这样做能够帮助我们在后续的学习中逐渐深入认识或探究产品形状时，分析这些形状的组合。

3.2　从二维到三维

　　在分析形态时我们会发现，生活中的产品形态都是有体积的，是三维立体的，它们由材料填满了外轮廓的空间。也就是说任何产品都是三维空间的实体，每个造型物实体通过具体的形象向人们传递信息。虽然我们用二维几何的形状能更简单清晰地认识产品外轮廓的大形，但我们生活中的产品形态都是三维的，有空间感的；并且，大多数现实中的产品都包含多个形态要素的组合，而不是单纯的单一形体构成。因此我们在学习产品造型设计时，我们仍然需要对产品所围合的三维形态进行分析。根据前面学习的知识，在分析产品外轮廓的基础上，可以对外轮廓线进行延伸，把二维形态演变为三维形态（图1-9）。对于各种外轮廓为直线形的二维形态延伸到三维，我们可以使用平面立体来归纳和分析该种产品形态。而对于各种外轮廓为曲线形的二维形态延伸到三维，我们可以用曲面体来归纳分析该种产品形态。总之，在学习从二维形到三维形的过程中，我们用平面立体来分析外轮廓为直线形的产品形态，使用曲面体来分析外轮廓为曲线形的产品形态。

（1）平面立体

平面立体主要是由封闭的直线形平面形态延伸而成的立体形态。例如，正方形、长方形延伸而成的立方体，三角形、多边形延伸而成的棱柱，梯形延伸而成的柱体，还包含由此变化而来的斜棱柱、棱锥、台面等以直线构成为主的立体型产品形态。我们可以把冰箱归纳成长方形延伸而成的立方体（图1-10）。在我们的产品中，以平面立体为主要形态的产品很多，如家具中的各种柜子、冰箱、空调等。这些平面立体主要是通过前面学习过的知识点中的直线形外轮廓延伸而成的，所以平面立体同样具有直线形外轮廓给人带来的稳定、水平、宁静和安全的视觉感受。

（2）曲面立体

曲面立体主要是由封闭的曲线形平面形态延伸而成的立体形态，如圆形、椭圆形、扇形、波浪形等平面形状经过延伸和变形而形成的柱体、球体等，或通过圆形、封闭曲线作为路径进行拉伸、挤压和旋扫而创建的圆环体、圆台、球体、平顶锥体、曲面等曲面体。电饭煲的形态，我们就可以看作是由椭圆形延伸且变形而得来的（图1-11）。 在我们身边的产品中，以曲面立体为主要形态的产品也很多，如时钟、电饭煲、耳机等。曲面立体的造型主要是通过前面知识点中的曲线形外轮廓进行延伸且变形，或通过拉伸、挤压和旋扫而得到的。所以曲面立体同样具有曲线形外轮廓给人带来的舒适、放松、休闲和流动的视觉感受。

图1-9　二维形态演变为三维形态　　图1-10　长方形延伸成立方体　　图1-11　椭圆形延伸成曲面立体

第二章 ｜ 产品造型设计方法

通过第一章的学习，我们认识了产品外轮廓与大形，这仅仅是我们接触产品造型的开始。在产品外轮廓所围合起来的内部形态中，还存在着更多的造型要素，以及各个造型部分的构成方法。在本章中，我们将深入学习这些内容。

在深入学习中，项目一是关于产品形态构成要素的学习。这一项目将组成产品造型的各个要素进行分解学习，分解成形态要素：点、线、面、体，以及视觉要素：形、色、质。项目二则是形态构成方法的学习，在这个项目中，我们将项目一的各个要素再合起来，即将由各种因素组成的形态进行组合，整体探讨产品造型的构成和整体造型方法。

项目一 产品造型构成要素

项目介绍

在第一章对产品外轮廓与大形认识的基础上，我们深入学习产品形态的组合因素，并掌握各个因素间的相互联系。了解产品形态构成的各因素，认识构成产品形态要素中的点、线、面、体，与构成产品视觉要素中的形、色、质。

项目任务

任务 1 产品造型的形态要素：点、线、面、体

1.项目要求

（1）项目名称：认识产品造型中的形态构成要素：点、线、面、体

（2）项目时间：4 课时

（3）训练目的：

A.通过训练能认识点、线、面、体在产品造型设计中的作用。

B.通过训练能分析点、线、面、体在产品造型设计中带来的不同视觉感受。

C.通过训练培养观察能力、思考分析能力、口头表达能力等。

（4）教学要求与方法

A.理论采用多媒体讲解。

B.项目实践分组训练，教师指导。

C.教学手段可采用实例教学或其他多样化方式，因材施教。

（5）作业评价

A.归纳与分析的合理性。

B.口头表达的逻辑性，团队协作的配合与分工的合理度。

2.项目内容：从产品造型中找出点、线、面、体要素

（1）第一阶段：从产品造型中找出构成产品形态的"点"。

选择造型中具有点元素的产品，并观察这些产品的造型中点的位置、形状、大小、排列方式等信息。根据点在产品造型中的形状，用与之相似的几何形（如圆形、三角形、方形等）来标注造型中的点。

作业形式：

选择 5 种造型中有点的产品，分析造型中的点元素的位置、形状、大小、排列方式等信息，用几何形（如圆形、三角形、方形等）把造型中的点标注出来。通过文字表述点在每个产品中的作用，以及这些点给人的视觉感受。将分析结果整理成图文资料，并展示在 PPT 上。

（2）第二阶段：从产品造型中找出构成产品形态的线

选择造型中以线元素为主的产品，然后观察这些产品的造型中线的形状、粗细、范围等信息。根据产品造型中线的形状和走势，使用色彩鲜明的线条把造型中的线勾画出来。

作业形式：

选择 5 种以线元素为主的产品，用色彩鲜明的线条把造型中的线元素勾画出来。通过文字表述不同的线在每个产品中的作用，以及这些线给人的视觉感受。将分析结果整理成图文资料，并展示在 PPT 上。

（3）第三阶段：从产品造型中找出构成产品形态的面

选择造型中以面元素为主的产品，然后观察这些产品的造型中面的形状、厚薄、是平面还是曲面等信息，根据该产品的造型中面的形状，用透明色块把造型中的面标注出来。

作业形式：

选择 5 种以面元素为主的产品，用 30% 左右的透明色块把这些产品造型中的面标注出来。通过文字表述不同的面在每个产品中的作用，以及这些面给人的视觉感受。将分析结果整理成图文资料，并展示在 PPT 上。

3.项目知识点：产品的方方面面——产品形态构成要素

产品造型设计中，每个造型物体都以具体的形象向人们传递信息。无论产品形态如何变化，它们都是三维空间的实体，同时也是传递视觉信息的媒介，这些传递视觉信息的媒介就称为构成要素。产品造型的形态构成要素主要包括

几何要素、美感要素和材料要素。这三个要素相互影响，共同塑造产品造型的效果。

3.1　几何要素

产品形态的几何要素指的是产品的形态由几个几何要素构成，包括点、线、面、立体与空间。无论是直线形、曲线形的平面形态，还是直线形延伸变化而来的三维立体或曲线形延伸变化出的曲面体，都离不开点、线、面、立体与空间这几大几何要素的组合。点、线、面、立体与空间是构成产品形态的基础。

（1）点

点是一切形态的基础和起点，在几何学定义中，点仅具有位置，没有大小。但从造型意义上说，点具有大小和形状。在产品造型设计中，讨论的点并不是以其自身的大小来确定，而是指同周围形体与空间的比例比较而言。也就是说，在产品造型设计中，一个点可以是时钟上的一个小孔，也可以是衣柜上的一个圆形拉手，因为产品造型设计讨论的点是相对于产品本身大小而言的。

点在视觉上有聚集目光的作用，多个点的不同排列可以产生不同的视觉效果，多个点排列还可以形成面或组合成图案，这些由点的组合形成的表面图案，可以对产品造型起装饰作用，使产品在视觉上更加美观（图2-1）。

图2-1　多点排列可以形成面或组合成图案

点在产品造型中不仅具有美化造型的作用，还有不同的功能。某些产品本身在设计的时候需要运用点的造型来实现其功能，例如手机的按键、发声孔、散热孔和机器上的旋钮等。因此，在产品造型中，点可以形成透气或发声的孔、增加摩擦力的凹凸点以及点状的装饰等。例如，有的鼠标侧面设计了点的图案，是为增加手握的摩擦力，帮助用户握持更加稳定。某些产品设计的点状孔洞用于实现各种功能，主要功能有采集或播放声音、散热或聚热、液体或气体的流动或过滤、光线的通过等。例如，产品上应用点设计的

图 2-2 手机支架散热孔设计

散气孔在电器电子产品上很常见，这些孔是为了电器或电子产品散热而设计的，有些手机支架产品上做了散热孔设计，这是针对游戏爱好者设计的手机散热手柄，专门解决手机散热的问题。例图中可以看到，正面的出风口采用规矩点阵式设计，一高一低相互错开，起到有效散热作用。背部的进风口部分与出风口相互呼应，使其更加整体，独具美感（图 2-2）。点在产品造型中形成的孔或凹凸点的大小和形状都可以根据设计需要进行调整，可以是圆形、方形、三角形、菱形等基本形状，也可以是不规则形状。

（2）线

在几何学中，线是点运动的轨迹，它没有宽度。然而，在造型设计中，线可以有形状、有粗细、有时还有面积和范围。我们在第一章中介绍了产品外轮廓的直线形与曲线形，这些形状是由线构成的各种不同形态。产品造型设计中的线一般可分为几何形态线和构成效果线两类。几何形态线一般指直线、曲线、复线三种。产品造型设计中的线主要包括轮廓线、结构线、装饰线等。轮廓线主要指构成产品外部形态的线，我们在第一章就练习了归纳产品的外轮廓线。结构线则用于表现物体结构，凡是要表达物体形状、转折、体积的线都是结构线（图 2-3）。产品中的线条不仅限于产品的外轮廓线或面与面之间的交界处，还可以指产品的某个部分，由于对比而形成的线条效果。

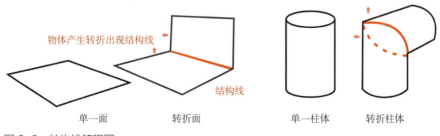

物体产生转折出现结构线

结构线

单一面　　　转折面　　　单一柱体　　　转折柱体

图 2-3 结构线解释图

图 2-4　花瓶瓶身的曲线设计　　　　　图 2-5　行李箱上的线条设计

"线"在视觉效果上有贯通其他元素、分割大面和调整视线的作用。在产品造型中，线不仅有调整视线的作用，有些线条还具有实际功能。例如，有的玻璃花瓶瓶身上的曲线条设计是为了增大光滑表面的摩擦力，避免人们拿起时滑落（图 2-4）；行李箱上的线条设计是为了使行李箱在使用和运输时更加耐磨（图 2-5）。

（3）面

在几何学中，面是线条运动的轨迹，是无界限、无厚薄的。然而，在造型设计中，面是有界限、有厚薄、有轮廓的。产品造型设计中的面可分为平面和曲面两种。平面是平直光滑的水平面，给人水平、宁静、宽大的视觉感受。这些平直光滑的水平面有的是根据功能需求而设计的，例如水平的镜面、屏幕、平台、桌面、操作台等（图 2-6）；也有的是为了营造视觉上的水平、安静感受而设计的。曲面是有起伏的的光滑面，它给人变化有序、连贯流畅、起伏轻快的视觉感受。产品中的曲面设计有的可能是出于功能的需求而进行不同曲面的变化，例如，鼠标表面的曲面形是为了让人手握起来舒适，根据手握的姿势进行设计（图 2-7）。还有的曲面设计是为了满足人们视觉上的对起伏变化的流线形需求。

（4）体

体是由封闭的线或面通过拉伸变形得到的一个围合的空间。无论产品的形状多么复杂，都可以分解为一些简单的基本几何体，因此基本几何体是形态构成的基本单元。产品造型中的基本几何体可以分为平面立体和曲面立体两类，我们在第一章节中已经学习了平面立体和曲面立体的构成方式。平面立体表现为由直线形的平面围成，具有轮廓明确、肯定的特点，并给人以刚劲、结实、坚固、明快的感觉（图 2-8）。曲面立体的表面是由曲面、曲面与平面所围成，在视觉感受上，曲面立体的轮廓线不像直线那样确定和肯定，它给人以圆滑、柔和、饱满、流畅、连贯、渐变和运动的感觉（图 2-9）。

图 2-6 宽大平直的桌面便于办公和学习

图 2-7 鼠标光滑流畅的曲面形符合人体工程学

图 2-8 几何造形的产品设计

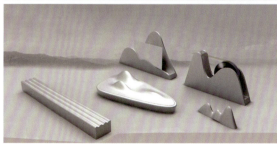

图 2-9 流线型设计的产品

3.2 美感要素

通过造型产生的形态可以利用视觉作用在心理上产生各种不同的感受，从而使人在视觉与心理上得到满足，这就是产品形态具有的美感要素。例如，通过厚、重、大、整体的立体形进行造型，可以使产品具有力量感；而通过曲面体进行造型，借助形态的变化，可以使静止的物体在视觉上带给人一种动感的感觉。这种设计经常应用在交通工具上，使用曲线型的造型设计可以使摩托车具有强烈的动感（图2-10）。这些通过设计产生的视觉效果能够使人的视觉与心理得到一致的感受，满足了人们在视觉和心理上的需求，在审美过程中产生的这种愉悦感正是对美的体现。

图2-10　交通工具

3.3 材料要素

材料是产品存在的载体，是构成产品形态的物质基础，同时也是产品功能和结构的载体，它使得虚幻的想象成为现实。材料不仅构成了产品的存在，恰当地应用材料，还能体现产品的肌理，提高产品的品质。例如，在产品上使用不一样的材料会带来不同的触感、反光程度、颜色和纹理。在设计过程中，可以通过在造型中采用不同的材料和纹理设计，来呈现出不同的视觉效果，从而会给用户带来不同的心理感受，满足不同用户的需求。我们在产品造型设计中，主要关注材料的选择与应用。例如，使用陶瓷材料制作的产品会给人一种自然和亲切的感受。

任务2　产品造型的视觉要素：形、色、质

1.项目要求

（1）项目名称：认识产品造型中的视觉要素：形、色、质

（2）项目时间：4课时

（3）训练目的：

A.通过训练能认识形、色、质在产品造型设计中的作用。

B.通过训练能分析形、色、质在产品造型设计中的相互联系。

C.通过训练能培养观察能力、思考分析能力、口头表达能力等。

（4）教学要求与方法

A.理论采用多媒体讲解。

B.项目实践分组训练，教师指导。

C.教学手段可实例教学或其它多样化方式，因材施教。

（5）作业评价

A.归纳与分析的合理性。

B.口头表达的逻辑性，团队协作的配合与分工的合理度。

2.项目内容：产品造型的形、色、质分析

（1）第一阶段：找出构成产品造型的形、色、质特征

选择优秀的产品设计，然后观察产品造型中的形状、色彩、材质，并分析该产品造型中的形、色、质特征，以及它们所呈现的视觉效果。

作业形式：

选择 5 种产品，分析每个产品造型中形状、色彩、材质的特征，并用文字表述形、色、质在每个产品中表现出的特征，以及给人带来的视觉感受。将内容整理成图文资料，展示在 PPT 上。

（2）第二阶段：分析产品造型中形、色、质之间的相互联系。

将第一阶段分析的产品的形、色、质的特征进行综合分析，找出每个产品造型中形、色、质之间的相互联系。并分析形、色、质给产品整体气质带来的影响。

作业形式：

从形、色、质角度综合分析第一阶段 5 个产品的造型特征，并分析形、色、质给产品整体气质带来的视觉感受，以及它们之间是怎样相互作用、相互影响的。将内容整理成图文资料，展示在 PPT 上。

3.项目知识点：形、色、质

在前面的学习中，我们掌握了一些关于产品形态与形态构成要素的基础知识。在生活中，人们通常对外形的认知是指对产品外在物理形状的认识，如尖的、圆的、方的、扭曲的等。这些描述都是针对特定形态的表达，而这些物理形状是通过点、线、面围合而成的形态空间。然而，在产品造型中，形态只是其中一部分。通过造型设计后，产品表达的视觉信息不仅是外形，还有内在因素传递出来的信息，就像人除了外貌还有内在的气质、涵养、精神状态一样，产品造型不仅表现为外形的视觉形象，还包含传递品质、风格、文化等作用。

张福昌先生说："工业设计的成果形态，是一个商品的具有的功能、材料、构造经济性、使用方法、使用价值的综合形态，是设计目标体的诸要素的总体构成。"因此，我们进行的产品造型设计的结果应该体现产品总体气质，而非单一的形态。这个综合的产品气质虽然会涉及产品功能、结构、文化背景、使用价值等诸多因素，但在视觉上，产品的气质主要通过形、色、质这三大因素来体现，形、色、质三者也不是孤立存在的，它们之间会相互作用、相互影响。

3.1 形

产品的形态是通过对产品功能、特性、结构、使用方法、文化背景等方面的分析，运用点、线、面、体的塑造，来体现产品大形的线条和形态的视觉效果。也就是说产品的形态是由点、线、面、体这些因素围合而成的空间，然而由于这个形是在功能、结构、使用方法、文化背景等进行分析后设计的，因此它传递的是具有品质、风格、文化等特征的形象。它不仅是一个简单的视觉形象，而是兼具了功能与内涵的产品。例如，西安鲤鱼文创科技有限公司为卦台山景区设计的文旅产品：书签。方案基于书签的基本功能，借用伏羲文化元素，设计了一套具有中国传统文化特征的书签（图2-11）。比阳产品有限公司为大足设计的"飞天剪刀"，此剪刀的造型设计基于剪刀的功能，并借用中国传统元素"飞天"的视觉形象，设计了一款具有中国传统文化特征的剪刀（图2-12）。

图2-11 借用伏羲文化元素的书签设计

3.2 色

色彩是表达产品的重要视觉因素，它是能引起共同审美愉悦、最为敏感的形式要素，也是最有表现力的要素之一，因为它的性质直接影响人们的感情。在消费者看到商品的最初几秒钟以内，感知到的大多数信息是视觉信息，而视觉信息中最直观的就是色彩信息。产品设计中，色彩的运用有助于为产品创造出多样的形式和意义。对于产品来说，色彩是影响消费者购买决策的最具有影响力的因素，而消费者的购买意愿正是工业设计的关键。因此，色彩的设计是产品造型设计中非常重要的一环。

3.3 质

产品造型中视觉上的材质感是由材料、色彩、造型共同体现出来的。材质

图 2-13　泊喜 X 故宫宫廷文化茶具【四合如意】

的基础是材料，材料也是构成产品形态的物质基础，是产品功能和结构的载体。设计者需要了解基础的材料、物料性质以及材料加工工艺，才能更加准确地对产品进行材料的设计应用。产品设计师对材质的设计主要是为产品选择合适的材料，或进行不同材料之间的组合与搭配。

产品的形色质是相互影响相互作用的，它们不是孤立存在的。产品的整体气质和内涵需要通过形色质的相互作用来共同呈现出来。只有形色质的协调配合，才能巧妙地体现产品的形象效果。例如，故宫文化推出的文创产品设计，在形态上应用故宫形态元素，体现故宫文化的视觉形象；色彩上运用故宫建筑的红、黄、青绿配色元素，体现传统的复古的配色；材质上大胆地运用现代人们喜爱的材质，使产品在质感上更适合现代人的审美喜好。产品的形状、色彩和质感相互作用，共同呈现出具有故宫特色的传统与现代相结合的产品设计（图 2-13）。

项目二　形态构成方法

项目介绍

在前面的基础知识学习中，我们掌握了构成产品形态的各种因素。而在这个项目中，我们要将各种因素组成的形态进行组合，并应用形态的构成形式及方法，形成具有不同特征的产品形态，使我们设计的产品形态丰富多彩且具有特色。

项目任务

任务 1　形态构成方法

1.项目要求

（1）项目名称：了解产品造型的形态构成方法

（2）项目时间：4 课时

（3）训练目的：

A.通过训练能了解形态的分类。

B.通过训练能分析产品造型的形态构成形式与方法。

C.通过训练培养观察能力、思考分析能力、口头表达能力等。

（4）教学要求与方法

A.理论采用多媒体讲解。

B.项目实践分组训练，教师指导。

C.教学手段可实例教学或其它多样化方式，因材施教。

（5）作业评价

A.归纳与分析的合理性。

B.口头表达的逻辑性，团队协作的配合与分工的合理度。

2.项目内容：分析产品造型的形态构成

（1）第一阶段：模仿自然形态的产品造型设计

资料查找模仿自然形态的产品造型设计，分析该产品的造型与模仿的自然形态的联系，以及带来的视觉效果。

作业形式：

选择 6 个造型模仿自然形态的产品，分别分析每个造型中的自然特征，总结自然形态在产品造型中的作用、产品造型与模仿的自然形态的联系、以及给人带来的视觉感受。将内容整理成图文资料，展示在 PPT 上。

（2）第二阶段：分析产品造型的"构成"方式，分解这些组合构成的形态。

作业形式：

查找 5 个产品造型，分析它们的造型分别采用了哪种形态构成方式（拉伸、旋转成型、切割、扭曲、组合等），通过 Rhino 等三维软件或 ps、corldraw 等二维软件，绘制分解这些组合构成的形态，进而把整个产品的造型进行分解。将内容整理成图文资料，展示在 PPT 上。

3.项目知识点：形态的分类与构成

掌握了前面的基础知识之后，本项目学习的是形态构成的方法。首先要明确学习形态构成方法的意义。例如，每个民族都有独具特色的生活环境，而生活用品受生活环境的影响也会产生相应的形态文化，因此每个民族的产品造型都遵循着一定的规律。当我们将优秀技术溶进艺术与科学的现代工业设计之中时，其生产的大量工业产品也都遵循着一种共同的规律，即按照某种方式对形态进行分类，找到规律性。如某个民族的产品造型具有统一的文化特征，某个品牌的产品造型具有共同的设计语言、某个领域新技术的革新带来该领域产品造型的改变等。这样可以使我们在研究产品的构造可行性时，能发挥想象，分析用户需求时能更加客观地接近真实需求，确定方案时能更加全面地分析，投入制作时更能把控全面质量管理。因此，我们研究形态的构成方式其实就是为了更有效率地找到用户需求，并更有效率地生产。

3.1 形态分类

形态是指形体内外有机联系的必然结果，是造型设计中常用的术语。形态一般分为自然形态与人工形态。自然形态是在自然法则下形成的各种可视或可触摸的形态，它不随人的意志改变而存在，如高山、树木、瀑布、溪流、石头等（图2-14）。人工形态则是经过人为加工后的形态，工业产品都是人为形态，即满足人们的特定需要而创造出的形态。如圆形、方形、圆柱体、立方体等有规律的几何形。

图2-14 高山、石头、树木

虽然工业产品都是人为形态，但自然形态与产品造型的设计也具有密切联系。例如，设计师模仿自然的外形设计的日用品，模仿自然的特征设计的工具、产品等。这是利用人们对自然的崇拜和亲近心理，以及借鉴其象征意义等手法进行的设计活动。例如，人们利用植物叶片上锯齿形具有的切割特征，制作了可以锯木料的锯子（图2-15）；人类模拟飞鸟飞翔的原理制作了飞行工具（图2-16）。从远古时代起，我们的祖先就常常以自然物和自然现象作为绘画、雕刻、设计的主题，并采用各种技法，如写实、变形、夸张和组合等手法来进行表现，这种方式延续至生活环境和生活用品的设计与制造中。我们的祖先用天然的树桩做家具，用贝壳作餐具，用竹子制作日常用品，这些以自然形态为设计的例子不胜枚举。大自然中还有许多作为形式美的来源，如人体各部分的比例、植物的花序和叶序，以及宝石中的晶体状态等。这些自然界中的对称、平衡、调和和统一的美的形式无处不在。在今天社会文明发达的时代，我们的产品设计师常常以祖国优秀文化中的美的规律和传统元素作为设计要素，设计出符合现代中国消费者需求、迎合热爱中华民族传统美学文化的新时代作品，承传了优秀的中国文化，开创了新世纪中国商品文化的新纪元。

在前面的知识中我们学习了产品造型的各个因素，现在把它们整合起来看，这样有助于我们更准确地认识工业产品的形态。我们把工业产品的形态因素整合起来后，在设计中可以把产品的造型分为内在形态和外在形态两种。

①内在形态主要通过材料、结构和工艺等技术手段来实现，它是构成产品外观形态的基础，也可以理解为产品的"内在结构"。在产品设计图纸中，常常通过结构图或产品爆炸图来表现内在形态。这些图示主要用于揭示内部零件

图2-15 锯齿植物、锯子

图2-16 飞鸟、飞机

耳机内部结构图　　　卫浴龙头阀芯结构爆炸图　　　卫浴龙头阀芯内部结构图

图 2-17　产品结构图

耳机外形设计　　　　　　　　　卫浴龙头外形设计

图 2-18　产品外形图

与外壳部分之间的关系，用来分析解决装配时可能遇到的各种潜在问题。这里用三个案例展示了耳机和卫浴龙头阀芯的内部结构图和爆炸图，它们解释了产品内部结构和零件之间的关系（图 2-17）。我们在日常生活中购买的各种日用品的使用说明书中的装配示意图也属于产品的结构图，它通过图解说明各构件之间的关系。工业产品的内在形态主要取决于科学技术的发展水平，并受到制造工艺、材料性能、科技水平等因素的制约。

②外在形态包含我们之前学习的产品造型的所有要素，包括点、线、面、形、色、质等，它们都是构成产品外在形态的一部分。外在形态指的是直接呈现在人们面前的外观，给人们提供感性直观的形象。外在形态的设计是包裹在内在形态之外的外壳设计，为人们提供直观、多样化的外观视觉感受（图 2-18）。产品的外观形态不仅体现了产品的功能和形态，还可以被视为一种文化现象，与时代、民族和地区的特点相联系。产品的外观形态主要取决于设计师的创造力和消费者的审美水平。

3.2　形态构成

事实上，我们可以选择我们身边熟悉的产品进行分析，从中可以看出很多产品的造型是由一个或多个形体组合而成的，因此，我们可以勾勒出一个思维形象空间，对目标产品的形态进行分析探究，以找到与人最亲近，最能给人带来亲和力的产品造型构成方式。

3.2.1　构成

构成是按照一定的原则将造型要素组合成美好的形态，是抛开功能要求的抽象造型。任何产品的造型都可以分解成若干形态要素的组合，都可以找出其构成法则。好的产品造型取决于对基本要素的组合能力以及组合技巧。

3.2.2 形态的构成形式及方法

（1）仿生设计

对自然的模仿是人类造物的重要方法之一，从古代人类应用椰壳盛水，应用木棒打猎开始，人们学着应用自然物来解决生活的需求。现代的人们通过模仿植物的锯齿制作切割工具，模仿鸟类凤翔的原理设计飞机，模仿荷叶的疏水性能制作防水材料，这些仿生设计都是人类将大自然的优点应用在产品中服务于人类文明的证明。例如，模仿海洋生物的造型设计的仿生餐具，模仿植物郁金香花外形设计的仿生灯具，都是将大自然中动植物的优点应用在产品设计中的体现（图2-19）。在仿生设计过程中，我们不仅仅是单纯地模仿自然中的造型，更重要的是发现自然中可应用的特点，以提高我们的生活品质，并为人类生活提供服务。

仿生设计的方法主要是以自然界万事万物的"形""色""音""功能""结构"等为研究对象，有选择地在设计过程中应用这些特征原理进行设计，同时结合现代科技和人们的需求，为产品设计提供新的思想、新的原理、新的方法和新的途径。仿生设计不仅可以模仿生物的功能特征和结构特征，还强调在形态方面的仿生设计，注重表现生物外部形态的美感特征和人类审美需求。例如，刺猬按摩捶，就是通过模仿刺猬的主要外形特征，并设计成可爱的产品造型，再结合现代人们喜欢的柔和的色调，形成了生物外部形态美感特征与人类审美需求结合的产品，大众喜爱的造型设计是产品最大的卖点（图2-20）。

图2-19 仿生餐具、仿生灯具

图2-20 刺猬按摩捶（设计者：陈锦溪、方良芳）

（2）拉伸、旋扫、切割、扭变、组合

A. 拉伸与旋扫的单体构成

单一的形体是立体的基本存在方式。单体构成是产品的主体形态通过线条的拉伸或旋转成型而变化成的面或立体形。拉伸是将封闭的直线形或曲线形向垂直方向或水平方向进行拉伸，使其成为立体形状的成型方式。通过拉伸形成的形态具有上下一致的整体性，给人水平或挺拔的视觉感受。旋转成型是将一条线围绕某个中心进行 360° 旋转，从而形成的一个表面或立体形状，旋转成型的面或立体形态给人整体而顺滑的视觉感受（图 2-21）。拉伸和旋转成型是产品成型的最简单方式，通过拉伸或旋转成型构成的单体构成产品的形态简洁、整体、结构简单，给人完整、统一、规整的视觉感受。

B. 切割构成

切割构成是以某一整体形体为基础，通过切割的方式获取新形体的方法，它主要通过块面切除和形体修棱来表现。切割构成的造型给人一种凹凸变化或面方向对比的感觉，通过在产品的表面上形成凹凸的表面和分明的棱角，可以增强画面的动感，使产品形象更加突出。切割构成可以在块状或立体形体的基础上进行切割，在视觉上使整体去掉一部分，切割构成使立方体切割后给人形体上的凹凸变化（图 2-22）。切割构成也可以在平面上进行切割造型，通过切割一部分面来形成产品表面的方向对比和明显的棱角，增强产品造型的视觉效果，使产品表面的视觉效果更加醒目（图 2-23）。

C. 扭变构成

扭变构成是指以某一基本形体为基础，通过垂直方向或水平方向的扭曲、

通过拉伸变化的单体构成

图 2-22 切割造型的打印机、医疗器械

通过单边外轮廓旋转变化成的单体构成

图 2-21 不同工艺的单体构成

图 2-23 切割造型的餐具和灯具

压变、弯曲等形式使之形成一种新的构成形态。扭变构成的造型给人一种随心所欲、突显个性的视觉感受，扭曲的造型设计有着强大的延展性、可塑性和强烈的视觉特征。扭曲的造型设计传达出一种不规则的视觉美，扭曲的设计形式被赋予了多样的形态，新奇的意义，多元化元素以及出其不意的搭配。这种不规则的美是独特而具有品质的，无序是会给人新鲜感，和不一样的感受，从而使人产生深刻的记忆。一些耳环与花瓶，就是通过扭变的造型设计，使产品造型在整体视觉上呈现不规则的独特感（图 2-24）。

运用扭变构成方法进行造型设计时，扭曲程度要有分寸，不能为了扭曲而扭曲，反而失去了意义。比如功能性强的建筑设计，不能因为扭曲造型而影响到原本的功能与结构，建筑扭变要在保证使用功能的前提下进行造型。所以在设计的时候，要根据整体的设计情况与具体功能需求，设计适当程度的扭曲，使产品在功能合理的基础上更具有韵律感和动感（图 2-25）。

图 2-24　扭变造型的耳环、花瓶

图 2-25　扭曲的建筑

D.组合构成

组合构成是将两个或两个以上的单体形态拼合在一起，形成一个新的立体形态作为产品的主体形态的过程。在组合构成中，根据形体之间的组合形式和性质的不同，可构建各种不同的组合关系。在形态构成活动中，构成技能和技巧的掌握是以大量的构成实践为基础的。组合构成的产品形态是通过将多个单体形态组合在一起而形成的。这种构成方式给人以整体统一的视觉感受，同时呈现丰富的结构和组合变化。如图例中的厨具、夜视仪、智能酿果酒机三个产品都是由多个单体形态组合而成的，它们虽然都有丰富的结构变化和组合变化，但在组合后的视觉效果上仍保持整体的统一性（图2-26）。在我们的日常生活中，许多产品的组合构成是根据功能需求进行设计的，如水壶是由旋转成型的水壶盖、旋转成型的水壶主体、把手以及底座几个单体组合而成的（图2-27）。

厨具

夜视仪

智能酿果酒机

图2-26　厨具、夜视仪和智能酿果酒机

图2-27　水壶

E. 形态装饰

装饰的首要目的是"露优"，其次是"藏拙"。为了使产品的设计尽善尽美，装饰设计是一个不可忽视的环节。常见的凸凹装饰就是利用在产品外表设计凸凹形态，产生层次变化和明暗光影效果以实现装饰效果。这种装饰具有整体感好，立体感强的优点，呈现简洁、素雅、协调的视觉效果，色彩变化和谐、自然。还有一种常见的装饰是镶条装饰，镶条装饰是采用与主体造型不同材料、色彩的立体装饰条，附于被装饰件上起到装饰作用，如镜子的镶边相框的镶边，都采用了与主体产品造型不同材料、色彩的立体装饰条进行镶边装饰（图2-28）。除了提到的这两种，还有窗孔装饰、标牌装饰等其它装饰形式。

图 2-28 镜子镶边、相框镶边

第三章 | 产品造型设计应用实践

项目一 基于改良设计的造型设计——生活用品设计

项目介绍

通过上一章节的知识学习，我们掌握了产品形态构成的要素和构成的方法。在本项目中我们将以生活用品设计为载体，通过理论学习与实践练习了解形态构成的方法，并运用产品设计中常用的一种设计方法——"改良设计"，来进一步实践产品造型的形态构成方式。

项目任务

1.项目要求

（1）项目名称：产品造型设计应用——改良设计

（2）项目内容：找出生活中不合理的产品设计，提出改良的解决方案，了解改良设计在产品造型设计中的作用

（3）项目时间：4课时

（4）训练目的：

A.通过训练复习前面学习的造型设计方法，应用到改良设计实践中。

B.通过训练能自主分析生活中产品造型的优缺点。

C.通过训练培养观察能力、思考分析能力、口头表达能力等。

（5）教学要求与方法

A.理论采用多媒体讲解。

B.分组训练，教师指导。

C.教学手段可实例教学或其他多样化方式，因材施教。

（6）作业评价

A.归纳与分析的合理性。

B.口头表达的逻辑性，团队协作的配合与分工的合理度。

2.项目内容：应用改良设计方法优化产品造型

（1）第一阶段：找出你认为生活中不合理的产品设计

认真观察、体验，找出你认为生活中不合理的产品设计，分析设计中不合理的地方。然后针对其中不合理的地方，应用资料收集、头脑风暴等方式，寻找解决方案并提出解决的设计概念。

作业形式：小组练习

小组选择 5 个生活中不合理的产品设计，分析设计中的不合理之处，用图文列举的方式将其标注出来，再针对设计中不合理的地方，提出解决方案。将内容整理成图文资料，展示在 PPT 上。

（2）第二阶段：应用改良设计

在第一阶段提出的解决方案的基础上，应用改良设计方法优化产品造型设计，并制作设计报告书。

作业形式：小组练习

在第一阶段提出的解决方案的基础上，应用改良设计方法进行产品的造型改良设计，小组分工完成绘制设计草图、效果图等设计任务。最后制作成完整的改良设计报告书，并以 PPT 形式进行展示。报告书上需要记录与呈现两个阶段的完整设计过程。

3.项目知识点：改良设计

通过前面对造型设计基础知识的学习，我们已经掌握了初步的造型方法。现在我们将把这些基础知识应用到具体的设计项目中。在应用过程中，我们要时刻记住产品造型不是独立存在的，它与产品的功能、结构、使用者需求、环境和文化等因素是相互联系的。因此，产品造型设计不仅仅考虑形态，而是要将多个因素综合考虑。基于设计的复杂性，在产品造型练习的应用中我们先从改良设计入手，循序渐进地进行产品造型创意设计。

3.1　改良设计的意义

产品改良设计是在保持原有产品生产工艺和功能基本不变的前提下，在外观、造型以及功能方面，对产品的局部做适当的调整，使得产品能够更适应人们生活的需要。也就是在技术和科技没有提升的背景下，对原有产品进行优化、充实和改进的再开发设计。这种再设计能提升原有产品的总体价值，是一种面向使用者潜在需求的设计，是创新设计的重要组成部分，是工业设计师研究的重要内容。

在产品造型设计过程中应用改良设计方法意味着在产品的生产工艺和功能基本不变的前提下，对产品的外观进行升级和创新设计。这样的设计能够提升人们对产品的审美感受，从而节约开发成本并增加产品的价值，引起消费者的情感共鸣。产品外观的提升已成为影响消费者购买的重要因素。随着生活水平的提高和国内工业设计的发展，人们对产品设计的要求越来越高。除了产品功能的优越性和实用性，人们也要求产品外观独特、简洁、美观。因此，对产品外观设计的创新变得越来越重要。对于设计师、产品和企业而言，一个好的产品外观创意具有特殊的作用和意义。然而，由于许多企业在行业中并不具备领先地位，因此常常采用改良设计的方法。在控制成本、不大幅度增加功能的前提下，改良设计为产品造型带来丰富的变化，增强了表面质感，提升了产品的档次，从而增加了产品的附加值。

3.2 应用改良设计的造型设计程序

在应用改良设计进行产品的造型设计时，整个设计的程序可以被概括为两个阶段（图 3-1）。

3.2.1 设计前期

（1）设计计划

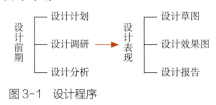

图 3-1 设计程序

对一个产品造型进行改良设计的时候，首先我们需要根据项目的要求制作一个设计计划。例如，设计公司在推进一个产品改良设计项目时，会先讨论该项目的设计方向，一般讨论的内容会围绕设计方向进行展开，如从哪个方向进行设计，用什么样的手法进行造型设计等。在正式制订设计计划前需要做好充足的观察与思考，主要观察思考原有产品的特点、优缺点、优化方向等问题。正式制订的计划内容应该包括方向和时间两大板块。设计方向可以根据项目要求和目标来确定，如通过优化使用功能来进行造型设计的创新，或者通过产品文化的引入来优化造型，还可以通过优化产品的使用方式来进行创新等。根据项目的具体情况，可以确定一个或多个设计方向。这取决于项目的时间、经费、设计团队的人手等多种因素。设计的时间规划主要规划的有设计调查、设计分析、设计表现等的时间节点。清晰合理的时间计划能确保设计项目按时推进，从而更好地促进项目工作顺利完成。

（2）设计调研

在明确了设计方向的基础上再开始进行设计调研，这样能使设计调研方向明确且容易深入，提高项目的效率。根据设计方向的不同，设计调研的内容和方向也会有所区别。如果是通过优化使用功能对造型进行创新，那调研的重点可能是产品的功能优化、造型与功能的契合等方面；如果是从产品文化入手对造型进行优化，那调研的重点可能是产品的文化背景、文化元素的提取、造型与文化的融合等方面；如果是通过对产品使用方式的优化对造型进行创新，那调研的的重点可能是产品使用方式与造型的结合、环境因素与造型的融合等方面。设计调研可以采集多种形式的资料，包括图片、视频、文字记录、问卷调查、材料样品等。根据个人设计需求，还可以记录声音、颜色、线条和感受等方面的资料。重要的是收集与设计方向相关且有助于设计灵感和决策的材料。

（3）设计分析

设计分析阶段是将设计调研中收集到的丰富设计资料进行分析和提炼，以获得适用于造型设计的设计元素。这一过程需要设计团队或个人对资料进行深入的分析、讨论和简化，以确定最具意义和影响力的设计元素。在提炼设计元素的过程中，可以同时探索多个方向，但最终需要选择一个最有意义的设计元素用于造型设计。这个造型可以在改善产品的功能性方面发挥作用，也可以通过设计元素来增强产品的文化内涵。此外，设计元素还可以使造型与环境相融合，以提升整体的视觉效果和用户体验……

3.2.2 设计表现

（1）设计草图

在设计的前期阶段，一旦明确了设计元素，我们会将这些设计元素应用于产品的造型设计中，而最初的应用通常是通过草图方案来进行的。草图阶段主要通过绘制图纸来表达设计想法，包括产品的形状、结构、色彩、材料等方面的信息。图例中是一个熨斗的三个不同设计草图，在草图阶段，设计团队会进行探索和试验，将提炼的设计元素应用于产品的造型上（图3-2）。在设计草图阶段会根据设计思路设计多个方案，然后设计团队选出1-2个优选方案进行效果图的制作。

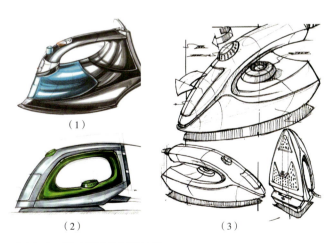

（1）

（2）

（3）

图 3-2 熨斗设计的不同草图

图 3-3　电脑制作效果图

（2）效果图

草图优选方案确定后，就应用电脑制作效果图。在制作效果图时，根据产品的目标要求、特征、复杂程度，可以选择自己熟悉的设计软件进行制作。在效果图阶段会将草图阶段的方案更加具体化、形象化。这个阶段呈现的形状更加完整、结构更加明确、配色设计的视觉效果更加真实、材料的模拟也更逼真（图3-3）。

（3）设计报告

经过前面的设计已经完成了产品造型的创意与制作，最后一步就是要把完整的造型方案展示出来给甲方或同行进行评价，设计展示一般通过设计报告的形式呈现出来。设计报告可以采用多种形式进行呈现，例如制作报告书、PPT演示或设计展板等。

3.3　应用改良设计进行造型设计的方法

好的产品外观创意是产品的功能、结构、使用方式等设计与外观造型设计相结合的结果。因为在符合产品功能、结构、环境等因素的基础上，外观造型才能具有意义。产品内部结构的合理性要满足产品外观造型的需要，让外型与结构实现完美配合和统一，才能最终脱颖而出。因此，我们在应用改良设计进行产品造型创新时，不能只孤立地对外形进行设计，还要结合产品的功能、结构、使用环境等因素进行思考与设计。所以应用产品改良设计进行造型创意时，应该从考察、分析与认识现有产品的基础平台上出发，对产品的优缺点进行客观全面地分析判断。还需要区别分析产品过去、现在与将来的使用环境与使用条件。

我们要学的产品外观造型设计实际上是产品的外在造型、图案、颜色、结构、大小等方面的综合表现，是产品质量的有机组成部分。在设计时既要考虑不同地区、不同民族、不同国家消费者的心理特点、审美观念等，做到因地而异，符合他们心理上的需要；又要与产品内在的技术性能和特征相吻合，使产品整体结构合理，适用、美观、大方，给人以美感。接下来列举应用改良设计进行造型的几种基本方法。

①缺点列举法：通过发现现有事物的缺点，找出改进方案。进而在造型上进行优化设计。

②希望点列举法：通过提出对该产品的希望和理想。如："希望……""如果这样该多好"，进而探求解决新的设计问题的分析方法和新的造型方案。

③添加法：即对产品的功能或造型增加内容，从而达到提升产品质感，产生差异达到改良产品的要求，这样在增加少量成本的前提下，修正少量功能或外观，给消费者整体焕然一新的感觉。

④减少法：即对产品的造型进行减法操作，通过表面进行细微的挖空或分割操作，使产品表面细节更加丰富。一方面符合差异化改良性产品要求，另一方面使产品更加精致、成熟。

项目二　基于功能的造型设计——电器设计、操纵调节装置设计

项目介绍

功能是产品的基础，因为我们的设计目的是解决生活中的问题。要解决这些问题，我们需要从产品的功能出发进行思考。通过以功能为基础的思考与分析，我们将功能与造型相结合，培养结合二者的整体思维的设计方法和习惯，以更全面的视角看待和分析产品的本质。在本章的练习中，我们将从产品的功能出发，进行电器和操纵调节装置的造型设计训练。

项目任务

任务1　从功能出发的造型设计

1.项目要求

（1）项目名称：从产品功能出发，对电器进行的造型设计

（2）项目内容：对电器进行的造型设计

（3）项目时间：4课时

（4）训练目的：

A.通过训练能了解产品功能与造型的关系，培养产品设计的整体思维。

B.通过训练能思考与分析产品的功能与造型的关系。

C.通过训练培养观察能力、思考分析能力、口头表达能力等。

（5）教学要求与方法

A.理论采用多媒体讲解。

B.项目实践分组训练，教师指导。

C.教学手段可实例教学或其它多样化方式，因材施教。

（6）作业评价

A.归纳与分析的合理性。

B.口头表达的逻辑性，团队协作的配合与分工的合理度。

2.项目内容：优化电器功能，进行造型设计

（1）第一阶段：从功能出发，对电器进行优化设计。找出现有电器产品功能不合理的地方，分析不合理的原因。寻找功能中可以改进的方向，优化改进该产品的功能并进行造型设计，使产品的功能与造型相匹配。

作业形式：小组练习

找出 3 个你认为功能不合理的电器产品设计，分析功能中的不合理之处，并寻找可以改进的方向，应用改良设计方法提出功能设计优化改进的方案，以功能优化为目的进行造型设计。最后将完整的设计方案整理成图文资料，展示在 PPT 上。

（2）第二阶段：从功能创新的角度出发设计一款全新的电器。

作业形式：小组练习

针对第一阶段优化的电器设计，寻找新的解决方案并提出解决的设计概念，从功能创新的角度提出新的产品功能。根据提出的设计概念，进行草图方案绘制、效果图制作。最终设计的产品的新功能与造型设计要相匹配，将内容整理成图文资料，展示在 PPT 上。

3.项目知识点：基于功能设计的造型设计

我们学习设计其实学习的是设计思路，而不只是关注外观好看。任何产品设计的出发点都是为人服务，解决生活中的问题，提升生活品质，提高工作效率。我们从产品的基础功能出发去思考产品的造型，其实是把产品中的功能因素与造型因素看成一个整体，用整体的思维去解决产品造型的问题。因为造型不能孤立地存在，基于功能的造型才更符合产品自身的特点，才更符合人性化的需求。

3.1 功能的内涵

通过我们的设计，我们要向使用者传达产品的功能、形态、材质、使用方法、文化、品牌等信息。其中，功能是产品设计需要传递的基本信息，产品由各个小功能组成。功能的设计对我们的造型设计产生影响，因为我们的造型设计是在产品功能的基础上进行的。只有合理地将功能与造型结合起来，才能引起人们的喜爱。因此，在进行产品设计时，我们也需要对产品的功能进行分析。产品功能的内涵主要包括以下三点。

3.1.1 基本功能

产品的基本功能是产品的核心功能，指的是产品能够为消费者提供的基本

冰箱　　　　　　　　　　　　　　　空调

图 3-4

使用功能。它包括产品的特性、寿命、可靠性、安全性、经济性等方面，满足人们在使用过程中对产品基本需求的内容，是顾客需求的核心部分。例如，冰箱的基本功能是食物保鲜，空调的基本功能是调节室内温度等（图 3-4）。在产品设计过程中，有时候我们会从产品的基本功能出发来思考设计的角度。以设计冰箱为例，我们可以先从设计一个食物保鲜容器的角度思考产品的造型，这样比直接设计整个冰箱的造型更容易找到设计的突破口。因此，对产品的基本功能进行思考，在产品造型设计中具有重要意义。

3.1.2　心理功能

心理功能即产品的中介功能，指产品满足消费者心理需求的功能，由人的感性要求所决定，是对人精神需求的满足的体现。产品的心理功能通过外部特征设计和可见形体设计来体现。通过运用新颖独特的造型设计、精美的 CMF 设计、品牌知名度、精美简便的包装等形式，产品可以满足使用者不同的心理需求，这是满足人们扩展需求的一种方式。举例来说，设计风扇时，可以采用简洁的造型元素，搭配凉爽的色彩，以满足人们在炎热天气中对凉爽的渴望。例如，风扇可以采用简洁的几何形体设计，配以凉爽的白色，给人干净清爽的视觉感受，满足人们对凉爽的心理需求（图 3-5）。

图 3-5　风扇

3.1.3　附加功能

附加功能即产品的连带功能，指产品能为消费者提供各种附加服务和利益

图3-6　家电与手机间的联网功能

的功能，如产品的使用示范或指导、免费送货、质量保证、设备安装与维修、技术培训、售前售后服务、提供信贷以及向顾客提供有关商品结构、性能、质量、技术等信息。现代家电中各种家电与手机间的联网功能，就是提供附加服务和利益的功能的体现（图3-6）。

3.2　产品功能、造型与使用者的关系

消费者购买产品时，首先考虑的是产品的功能和使用性能。在产品的功能和性能基础上，消费者会选择更精美、更愉悦视觉感受的产品。例如，汽车提供代步功能，冰箱保持食物新鲜，空调调节空气温度。但仅具备基本功能并不足以满足消费者的需求，他们还会考虑色彩是否喜欢、造型是否美观、材质是否耐用等因素。产品功能的设计必须符合消费者的需求，如果产品缺乏消费者需要的功能，消费者会感觉产品设计不足。如果产品具备消费者不需要的功能，会给人一种画蛇添足的感觉。

在设计的过程中，我们是先调研和分析使用者的需求，再根据使用者的需求进行产品的功能设计，在功能设计完善后，最后才进行造型设计。因此，使用者的需求是功能与造型设计的基础，造型设计是在需求分析与功能设计的基础之上进行的。

3.3　功能分类

产品的功能可以分为使用功能与审美功能。使用功能是指产品的实际使用价值，审美功能是利用产品的特有形态来表达产品的不同美学特征及价值取向，让使用者从内心情感上与产品取得一致和共鸣的功能。不管是产品的使用功能还是审美功能都需要通过产品的造型体现出来，使用功能和审美功能是产品功

能的两个方面，依据侧重点的不同，可以将产品概括为以下三种类型，即功能型产品、风格型产品和身份型产品。

3.3.1　功能型产品：

也称实用型产品，顾名思义，这类型产品以强调使用功能为主，设计的着眼点是功能的方便性、结构的合理性，重在功能的完善和优化。功能型产品的外观造型设计建立在实现功能特征的基础上，注重实用性和结构的外露。它并不过分追求形式感，更偏向于理性和简约的特点。这类产品包括各种工具、功能简易的产品、机器设备和零部件等。例如电钻、电锯、螺丝刀等产品的设计注重体现功能的方便性和结构的合理性，造型不能过于复杂而忽略了功能的便利性（图3-7）。

3.3.2　风格型产品：

风格型产品又称情感型产品，除了具备一定的功能外，更注重通过造型来影响人的心理感受。例如，通过曲线型的造型给人柔和、流动的感觉；通过高低线条的变化给人节奏、韵律的感觉等。风格型产品更加强调造型和外观的个性化，突出与众不同的造型和独特的使用方式。这种类型的产品在个人消费品、娱乐和时尚类产品中表现得尤为突出。例如，音响和时尚手表的造型设计更注重突出个性化和潮流感。图例中展示的桌面音箱产品采用了圆柱状的造型，圆润且时尚。上半部分的外壳采用半透明材质，展现出若隐若现的空间感，并通过内部灯光效果增添了视觉形式，形成与音乐律动相呼应的视觉体验（图3-8）。

图3-7　电转、电锯、螺丝刀

图3-8　音箱

3.3.3 身份型产品

身份型产品也被称为象征型产品，与前两者不同之处在于其更加突出象征性和精神内涵。消费者通过拥有这类产品来展示自己的身份和地位，感到自豪和满足，同时也获得他人对其身份和地位的认同和肯定。例如，红旗牌汽车作为我国自主研发的品牌，它代表了情感和自豪，成为人们引以为傲的汽车品牌（图3-9）。现如今，许多企业通过为产品营造系列化和整体性的造型设计，以创造品牌化的形象，满足现代大众对产品身份感的需求（图3-10）。

不同类别产品的功能定位不同，造型设计的侧重点不同，这样便于我们正确地理解和把握设计方向。当然，这种分类并不是绝对的，要特别强调的是并不是功能性产品就不讲究造型，而风格型产品和身份型产品就无视功能的需要，如果设计师有刻意追求造型款式和精神象征意义方面，功能型产品也可以转变为风格型产品和身份型产品。

图3-9 红旗牌汽车

图3-10 品牌产品具有整体性

3.3.4 产品功能可分为单一功能和多功能

产品设计是围绕着解决某个产品的问题而展开，以问题的合理解决为最终目的的创造性活动。一般来讲，产品的功能是产品所要解决的最基本的问题，功能因素是任何一件产品设计最基本的也是最主要考虑的因素之一。功能有强烈的针对性，只有在综合考量使用对象、使用状态、使用环境和需要解决的问题的基础上，才能较好地取舍。

我们了解产品的功能是为了更好地进行产品的造型设计，产品的造型设计是基于功能之上的。一件产品的功能并不是越多越好，过多的功能反而会带来产品使用上的麻烦；但功能的设计也不是越少越好，功能不足显得欠缺，使用不方便。由此可见，对功能因素的恰当设计是产品设计的重要一环，在合理的功能基础上进行造型设计，是功能与造型配合的重要内容。一个好的设计作品往往在功能数量的把握上很有分寸，既要把握使用者的实际需求，又要保证产品的易用性，这样才能更好地进行产品的造型设计。例如，吹风机是生活中常用的生活用品，一般说来能够达到把头发吹干的目的即可满足需求，但是结合使用状况进行深度观察就会发现，女性在吹头发时有时需要将头发吹直，有时需要将头发吹卷曲，针对这一现象，设计出不同配件可以辅助吹风机完成不同发型的需求，这种多功能设计提高了产品的易用性，具有重要的意义，吹风的造型设计也因为功能拓展而有了创新（图3-11）。

图3-11 吹风机与卷发配件结合在一起

3.4 功能设计的优化

3.4.1 在设计上优化

在功能的优化过程中，通常也会伴随着造型的优化。功能的改变和造型的创新是相互影响的。优秀的产品设计必须与使用者进行充分的沟通，使自己的产品兼具使用功能和价值功能，在设计上领先一步，在性能和工艺设计上得到使用者的认同。在产品设计中，形成独特的个性，特别是一些小的细节设计，也会打动消费者的心灵，促使消费者喜欢这个产品。例如，智能冰箱的大屏幕设计优化了产品的留言、冰箱监控、查找菜单等功能，使消费者在使用过程中感受到了功能的便利和设计的用心，这种功能的优化提升也为产品造型带来了改进和创新（图3-12）。

图 3-12 智能冰箱的大屏幕设计

图 3-13 家电的互联网功能

3.4.2 在质量上的优化

质量是指产品满足特定需要的能力。顾客评价一个产品的好坏，首先看它能否满足自己的基本需要（适用性）以及这种能力的大小，其次要看它的特色程度（特色方面的质量）、技术质量、工艺质量、品牌质量、包装质量以及耐久性、可靠性、安全性和经济性，最后，顾客还会关注产品在售前、售中、售后的服务水平以及带来的附加利益。产品质量不仅仅局限于基本功能，而应贯穿于产品功能的各个层次，它是一种全方位、立体视角的质量考量。例如，家电的互联网功能设计优化了产品的联网功能（图 3-13）。

3.4.3 对服务的优化

随着科技水平的提高和竞争的加剧，围绕产品的基本功能、心理功能等方方面面都可以展开设计。部分产品就从服务这种软因素方面寻求突破，靠优质的服务赢得顾客的青睐。例如，汽车导航的 app 免费升级，电动汽车的免费充电桩安装等。

3.5　功能设计发展趋势

产品功能表现的情感化发展是现代设计的一大趋势，基于对情感和设计的科学研究，人性化因素的专家和设计者帕特里克·乔丹区分了四种快乐：生理快乐、社交快乐、精神快乐、思想快乐。我们从这4种情感出发，反思产品功能设计与造型设计。

3.5.1　满足人的生理快乐

生理的快乐包括视觉、声音、气味和触觉。它将本能的许多方面与行为结合了起来。电视的功能通过呈现屏幕上的节目和播放声音，满足了人们对视觉和听觉的生理快乐的需求（图3-14）。在进行产品造型设计时，我们可以从思考产品功能中的视觉、声音、气味和触觉等方面出发，对产品的造型进行设计。

3.5.2　满足人的社交快乐

社交快乐是通过与他人的交互获得的。有时，社交快乐是产品使用的一个附加产物。许多产品发挥着重要的社会作用。无论是电话、手机、电子邮件、短信还是定期的邮件、视频会议等通信技术，都通过产品的功能和互动设计在社交方面起着重要的作用（图3-15）。在进行产品造型设计时，我们也可以从思考功能的互动方面出发，对产品的造型进行设计。

3.5.3　满足人的精神快乐

满足人的精神需求主要是体现在人们在使用产品时的心理反应和心理状态；例如，一个灯具的功能设计，使灯具可以转换冷暖光源，使用者在寒冷时使用暖光源感到温暖，在炎热时使用冷光源感到凉爽（图3-16）。

3.5.4　满足人的思想快乐

这种快乐存在于使用体验的过程中，源自人们对产品的美感、质量以及产品对生活改善和环境尊重的程度的欣赏。许多产品的价值来自它们功能的外在表现。当产品展示时，它们提供了思想上的愉悦，在一定程度上象征了创造者和使用者的价值判断。举例来说，闹钟的基本功能是将人们从睡眠中唤醒，一般的闹钟的功能主要集中在声音和震动上。而带有显示屏的闹钟通过现代数字

图3-14　电视

图3-15　视频会议

图 3-16　灯具的冷暖光源设计

图 3-17　显示屏闹钟

技术的应用，重新定义了闹钟的设计，通过声音、影像和情境的综合方式，提供给使用者在舒适、满足的心境中被唤醒的体验（图 3-17）。

3.6　从功能出发设计造型的方向

从产品的功能出发去思考产品的造型问题，可以从三个方面入手。一是从现有产品功能不合理的方向去分析。通过对已有产品的功能进行剖析，寻找功能中可以改进的方向或不合理的地方，然后去改进它，在改进功能的过程中自然会因为契合功能需要出现新的造型。二是从产品功能的核心出发，去挖掘产品最原始的、最基本的核心功能，以此为切入点思考产品的造型设计。例如，我们可以先考虑其作为一种代步工具的核心功能，然后再进行造型设计，这样相比直接设计自行车的造型更容易找到设计的突破口。同样地，以水杯的设计为例，我们可以先思考水杯装水的核心基本功能，以装水的容器设计为突破口，再进行产品的造型，这样我们的思维就跳出了传统的水杯的概念，就可以得到许多比传统造型更有个性和创新性的产品造型（图 3-18）。三是在开发新产品时，从功能创新的角度出发，可以得到全新的产品。在新产品的开发过程中，我们需要认真分析产品功能的合理性，往往会发现对功能的分析与设计过程也是对造型的设计过程，因此，功能和造型常常是相互结合的。

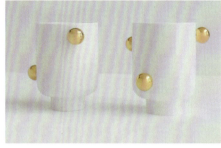

图 3-18　创新的水杯造型设计

任务 2　操纵调节装置设计

1.项目要求

（1）项目名称：操纵调节装置的设计

（2）项目内容：从产品功能出发，对产品操纵调节装置的造型进行设计

（3）项目时间：4 课时

（4）训练目的：

A. 通过训练了解产品功能与造型的关系，培养产品设计的整体思维。

B. 通过训练能思考与分析产品的功能与造型的关系。

C. 通过训练培养观察能力、思考分析能力、口头表达能力等。

（5）教学要求与方法

A. 理论采用多媒体讲解。

B. 项目实践分组训练，教师指导。

C. 教学手段可实例教学或其它多样化方式，因材施教。

（6）作业评价

A. 归纳与分析的合理性。

B. 口头表达的逻辑性，团队协作的配合与分工的合理度。

2.项目内容：优化手控式装置的功能，进行造型设计

（1）第一阶段：从产品功能出发，思考观察带有手控式装置的产品中手控式装置设计的现有的功能缺陷，或分析使用者对手控式装置的新需求，分析不合理的原因，优化改进该手控式装置的功能并进行造型设计，使产品的功能与造型相匹配。

作业形式：小组练习

小组分工找出带有手控式装置的产品中手控式装置设计的现有功能缺陷，或分析使用者对手控式装置的新需求，并分析原因；寻找产品中可以改进的方向，提出优化设计方案的概念，整理成图文资料，展示在PPT上。提出的优化设计概念呈现形式应包括草图方案绘制和效果图制作，得到的产品手控式装置设计最终的功能与造型要相匹配。

（2）第二阶段：分析带有脚控式装置的产品中脚控式装置设计的现有功能缺陷，或分析使用者对产品中脚控式装置的新需求，分析不合理的原因，寻找可以改进的方向，优化改进该脚控式装置的功能并进行造型设计，使产品的功能与造型相匹配。

作业形式：小组练习

找出带有脚控式装置的产品中脚控式装置设计的现有功能缺陷，或分析使用者对产品中脚控式装置的新需求，并分析原因；寻找可以改进的方向，提出优化设计方案的概念，整理成图文资料，展示在PPT上。提出的优化设计概念呈现形式应包括草图方案绘制和效果图制作，得到的产品手控式装置设计最终的功能与造型要相匹配。

3.项目知识点：操纵装置设计

操纵调节装置是将人的操作信息传递给机器设备类产品，从而准确地控制机械设备类的产品，使机器设备类产品能正常安全地运行。所以操纵装置的设计必须符合人机工程学，使操作者使用起来安全可靠和方便省力。

操纵装置按人体操作部位的不同，可分为手控式和脚控式两大类。如手柄等依靠手进行操作的是手控式装置，主要应用在以手操作为主的机器设备类产品上，如挖掘机上的操作手柄、游戏机的操作手柄等。脚踏板、脚踏钮等依靠

脚进行操作的是脚控式装置，主要应用在以脚操作为主的机器设备类产品上，如汽车的刹车踏板、厕所的脚踏式冲水踏板等。

操纵调节装置的造型设计要考虑操作的安全性、使用的方便性和舒适性。要求设计的尺寸大小适当、形状美观大方、位置合适、结构简单。

3.1　操纵装置设计要求

3.1.1　手控式装置操作要求

需要手握的操纵调节装置，在设计时应考虑与人体手部的操作需求相适应。操纵装置的设计在手接触部位应采用圆滑的曲面形状，以确保操作的舒适性、便利性和牢固性。同时，表面的光滑程度也需要适中，既不应过于光滑，以免操作时产生打滑现象，也不应过于粗糙，以免感觉费力。因此，一些游戏手柄的设计采用圆滑的整体外形，并在手握操纵的接触部分应用凹凸点增加摩擦力以防滑。图例中展示了无人机的手动操作遥控器，其圆滑的曲面体造型便于手握，并合理布局按键和摇杆，提升了产品功能使用的舒适性（图 3-19）。

图 3-19　大疆无人机遥控器

3.1.2　脚控式装置操作要求

脚踏板的设计主要需要考虑的是装置与地面的倾斜角度，脚控操纵装置设计时不应使踝关节在操作时过分弯曲，因为这样很容易使踝关节产生疲劳，从而产生安全隐患。脚控操纵装置还应设置足够大的接触平面，因为脚对动作和压力的敏感度均较低。

任务 3　旋钮、按钮等常用操作功能的造型设计

1.项目要求

（1）项目名称：旋钮、按钮的造型设计

（2）项目内容：从产品功能出发，对旋钮、按钮等进行造型设计

（3）项目时间：4课时

（4）训练目的：

A. 通过训练了解产品旋钮、按钮等常用操作功能与造型的关系，培养产品设计的整体思维。

B. 通过训练能思考与分析产品的操作功能与造型的关系。

C. 通过训练培养观察能力、思考分析能力、口头表达能力等。

（5）教学要求与方法

A. 理论采用多媒体讲解。

B. 项目实践分组训练，教师指导。

C. 教学手段可实例教学或其它多样化方式，因材施教。

（6）作业评价

A. 归纳与分析的合理性。

B. 口头表达的逻辑性，团队协作的配合与分工的合理度。

2.项目内容：优化旋钮、按钮等常用操作按钮，进行造型设计

（1）第一阶段：从产品功能出发，找出现有带有旋钮的电器中旋钮、按钮等常用操作按钮的功能缺陷，或分析使用者对操作按钮的新使用需求，优化旋钮的功能，并进行造型设计，使产品的功能与造型相匹配。

作业形式：小组练习

找出带有旋钮的电器中旋钮设计的现有缺陷，或分析使用者对旋钮的新使用需求，并分析原因，寻找可以优化设计的方向，提出优化设计方案的概念，整理成图文资料，展示在PPT上。提出的优化设计概念呈现形式应包括草图方案绘制和效果图制作，得到的产品旋钮设计最终的功能与造型要相匹配。

（2）第二阶段：找出带有按钮的电器中按钮设计的缺陷，或分析使用者对按钮的新使用需求，并分析原因，优化该按钮的功能并进行造型设计，使产品的功能与造型相匹配。

作业形式：小组练习

找出带有按钮的电器中按钮设计的现有缺陷，或分析使用者对按钮的新需求，并分析原因；寻找可以优化设计的方向，提出优化设计方案的概念，整理成图文资料，展示在PPT上。提出的优化设计概念呈现形式应包括草图方案绘制和效果图制作，得到的产品按钮设计最终的功能与造型要相匹配。

3. 项目知识点：旋钮、按钮设计

3.1 "旋钮"功能与造型的关系

电钮是电器开关或操纵调节装置中通常用手操作的部分，属于手控式装置的一种。其中，通过转动操作的电钮被称为"旋钮"。旋钮是用手控转的手动元件。由于旋钮主要用于旋转操作，其造型通常以圆形为基础。圆形具有更加圆滑的边缘，相较于直线形状或多边形，更易于旋转和操作，圆形可以看作有最多边的多边形（图3-20）。旋钮主要可分为圆形旋钮、多边旋钮、指针旋钮、手动转盘等。例如，闹钟的调节旋钮采用圆柱形整体外形，暗示了其可旋转的功能。圆柱形外形也更适合人手的操作。在设计旋钮时，我们还可以在手接触的旋转面上增加凹凸图案，以增加表面的摩擦力，使操作时不易滑动。同时，简洁美观的外形设计也使旋钮既具有良好的外观，又具备实用性。图例中是音箱上的调节旋钮，通过在旋钮的手接触面上增加凹凸图案的设计，增强了表面的摩擦力，使操作时不易打滑，音量调节也更加准确（图3-21）。

图 3-20 圆形可以看作是最多边的多边形，是易旋转与转动的形状

图 3-21 音箱上的调节旋钮

"旋钮"在产品操作功能中非常常见，特别是在一些电器的开关上。例如，微波炉、电风扇、音响等的开关或调档旋钮。根据功能要求，旋钮可以实现连续多次旋转，旋转角度可达360°，也可以用于调档位定位旋转。旋钮通常应用于需要微调的情况，其中挡位之间的差距较小。例如空气炸锅的旋钮设计，通过旋转旋钮的不同挡位可以调整炸锅的具体温度和时间（图3-22）。这些旋钮的造型不仅需要体现其功能，还需要在设计上考虑使用者的操作方便性，以实现功能与形式的自然和谐。因此，在设计旋钮时，我们需要注意使用时的

图 3-22 空气炸锅的旋钮设计

视觉盲点，避免将信息放置在旋钮挡住的后侧部分。旋钮的旋转方向也需要通过图形标注清楚，明确指示哪个方向是"正"方向。只有这样，我们设计的产品才能既具有良好的外观，又具备实用性。

3.2 "按钮"功能与造型的关系

"按"是人们在使用中最直接、最简单的操作方式之一，也是常用的功能控制方式。由于按键的操作简单、使用方便，它在产品设计中得到广泛应用。按键的造型多种多样，主要取决于与产品整体造型的契合。常见的按键造型主要包括基于圆形的圆柱体、球体等形状，以及基于方形的立方体等简单的几何形体。

有的产品所需的按钮数量较少，这些按钮是独立存在的，因此在造型设计上可以更加个性化。由于按钮所占据的平面空间较大，按钮的形状与外轮廓不受限制，可以进行更多的创意设计（图3-23）。而有些产品所需的按钮数量较多，需要对按钮进行排列。在这种情况下，设计需要考虑产品的空间大小、按钮的排列方式以及按钮外形的选择等因素。例如，电视遥控板中的部分按钮设计就是属于需要密铺的排列方式（图3-24）。通常情况下，我们选择能够在平面上紧密排列较多数量的外形进行排列。常见的选择是简单的几何形状，如方形、多边形。这样的排列方式既能节约空间，又有利于按钮的分类。然而，基于圆形的外形并不适合紧密排列，因为圆形之间会有较大的空隙，造成空间浪费（图3-25）。

图3-23 按钮所在的平面空间较大的产品，形状与外轮廓 图3-24 电视遥控板中的部
不受限制　　　　　　　　　　　　　　　　　　　　分按钮设计需要密铺排列

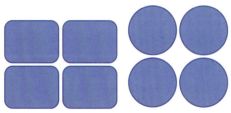

图3-25 按钮设计示意图

按键是一种直接且简单的操作方式，但也容易出现误操作的情况。为了避免误操作，我们在按钮的造型设计中不仅考虑外形，还可以应用颜色、标识、材质或灯光等元素来进行设计，这样可以使按钮在使用中更加人性化，提升用户体验，例如电竞键盘的设计，通过颜色的区分以及灯光的应用，使使用者能减少误操作，提高准确度（图 3-26）。产品中的按钮是连接用户与产品的纽带，判断一款按钮设计是否合理就是看能否让用户一目了然地知道如何操作。

图 3-26　电竞键盘

项目三　向大自然学习的产品造型——仿生产品设计

项目介绍

通过仿生练习，我们学习大自然的结构和造型，并通过承重练习了解静态的力、结构和造型的关系。在分析造型中的简单力学结构时，我们可以应用具有力学功能的结构来进行造型设计。另外，通过仿生设计学习，我们分析和借鉴大自然中优秀的造型特征，并将其应用到产品的造型设计中。这样可以获得灵感和创新，为产品设计带来更多可能性和优势。

项目任务

任务 1　结构承重练习与造型设计应用

1.项目要求

（1）项目名称：结构承重练习与造型设计应用

（2）项目内容：从自然物出发，分析其中优秀的力学结构特征，并对其进行抽象化。我们可以通过实验来测试这些力学结构的受力能力，并使用人造材料来应用这些结构，使其具有实际的使用价值并应用于产品设计中。通过这样的练习，我们可以更好地理解物体的材料、结构、力、功能和审美之间的关系。

（3）项目时间：4 课时

（4）训练目的：

A.通过训练了解力学结构特征与造型的关系，培养产品设计的创新思维。

B.通过训练能思考与分析产品的结构与造型的关系。

C.通过训练培养观察能力、思考分析能力、口头表达能力等。

（5）教学要求与方法

A.理论采用多媒体讲解。

B.项目实践分组训练，教师指导。

C.教学手段可实例教学或其他多样化方式，因材施教。

（6）作业评价

A.归纳与分析的合理性。

B.口头表达的逻辑性，团队协作的配合与分工的合理度。

2.项目内容：运用自然结构，仿生结构与承重造型练习

（1）第一阶段：分析自然物中优秀的力学结构特征

分析自然物，抽象化得出自然物的力学结构特征。应选择具有抗力能力的自然物作为研究对象，可以是动物，也可以是植物，比如贝壳、树枝、草茎、鸡蛋、动物肢体等。分析这些自然物抗折能力的具体原因，如外部结构、内部结构或组织细胞结构等。并把自然物的抗力力学结构抽象出来。

作业形式：小组练习

选择5种自然分析对象，分析它们具有抗力能力的原因和过程，抽象出它们的抗力力学结构信息，整理成图文资料，展示在PPT上。

（2）第二阶段：仿生结构与承重造型

用纸板等材料构思出自然物的结构特征，并制作模型，总结该结构特征的具体视觉效果，如体现出力量感、动感、量感、空间感等特点。制作试验模型，并进行承重试验。从第一阶段抽象分析出来的5种抗折力学结构中选择1种，设计并制作纸板模型。在制作之前，先对纸板的特性进行熟悉与分析，确定纸板模型的形态，并分析纸板的加工特点和受力能力。在造型上体现该结构的自然原形特征，而纸板的承重能力应通过自己制作的结构来体现。最终的纸板模型应展现出最初计划好的稳定力量感、动感或合理的空间感等特点。

作业形式：小组练习

通过小组讨论，构思出纸板模型，并计划好设计造型和尺寸，提交1个外型美观、结构特征具有力量感、动感、量感、合理的空间感等特点的模型。可以采用折叠、裁剪、卷曲等方法对复印纸进行加工，部件之间可以连接，连接方式可以采用粘贴、扣合、缝合、插接等。不能通过连接材料改变纸板的受力能力，也不能采用其他附加材料来改变纸板的受力能力，成品要求完成模型的整体造形和外观美化，并分析最后阶段模型的力学结构造型美与第一阶段自然物特征的联系。整理成图文资料，展示在PPT上。

3.项目知识点

3.1 仿生结构与造型设计

　　我们生活的世界充满了形态各异的自然物和人造物，物体能承受多少重量不仅与物体的材质、重量有关，还和形状结构有关，如贝壳、龟甲的造型是为了保护身体；树干的造型是为了支撑树冠以获得更多的阳光；扳手的造型是为了让人更容易拧螺丝等。通过物体承重练习，我们思考形态与受力结构的关系，并从自然界获得启示，观察自然中的形态与受力结构之间的联系，总结出不同形态的结构功能。波浪型的折纸造型能承受比较大的重量，是因为波浪型可以看作很多三角形组成，而三角形是最能承受重量的结构（图3-27）。在学习过程中，我们通过观察和分析造型、结构和强度之间的关系，研究如何使造型中各部分的线条协调一致，使外观美观。例如，图例中 Hu Cheung 设计的 Paper Foiding "折纸"搁香盘通过折线的造型，形成了三角形的稳定结构和干脆直接的转折形态，造型体现了力量感（图3-28）。通过流畅弯曲的波浪线条组成的湖泊造型花瓶，形成了比单纯的圆形花瓶更稳定不易倒的封闭曲线，并呈现出了流动、柔和的视觉感受（图3-29）。

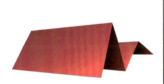  

图3-27 波浪型的折纸造型　　图3-28 Paper Foiding "折纸"搁香盘

图3-29 湖泊造型花瓶

　　在学习仿生造型的过程中，我们采用观察大自然的方式。通过观察大自然中形态与受力的联系，学习万物形态与受力的关系。例如，建筑中的薄壳结构就是利用了蛋壳的结构原理，我们可以试着握碎鸡蛋、戳破蛋壳、用蛋壳承载重物，就会发现蛋壳形状在承受力方面的优势。蛋壳中的拱形曲面跨度很大，可以抵消外力影响，使结构更加坚固，建筑学家通过模仿蛋壳的结构，设计出了薄壳建筑，这使得建筑具备用料少，跨度大，坚固耐用等优点（图3-30）。在仿生设计中，我们主要通过发现大自然中形态与结构的联系，从中体会形态美与结构美，我们体会不同的结构与形态给人带来的心理感受，并将其应用到产品设计中。例如，乌克兰设计师设计的球形薄壳菱形结构的休闲椅，运用薄壳结构，将椅子的整体形态设计成像穹顶的造型，薄壳结构可承受较重负荷，这样的结构与形态具有高的承载能力，在视觉上可以迅速建立起稳定的力感（图3-31）。

　　在把结构应用到形态的设计中，不同的形态可以使产品的造型给人不同的心理感受，如力感、量感、空间感、动感、质感等抽象感受，这些感受是形态和结构设计相互影响，并通过视觉表现带给人的不同心理反映。欣赏者对艺术真实感的需求往往超过于对客观现实中真实的需求，其重要原因之一，是希望通过设计看到一个比现实生活更强劲的力学结构。所以设计师们在进行抽象感受的设计时，综合运用造型中的点、线、面、体等造型元素以及形、色、质的选择和重新组合，通过综合的视觉效果体现出来。设计后的产品是一个整体感知的体验，设计的目的是通过结构和形态的设计与整体组合，顺应并强化欣赏者的力感、量感、空间感、动感、质感等抽象感受。这些视觉感需要结构设计与造型设计的默契配合才能得以实现。

图3-30　薄壳结构

图3-31　薄壳菱形结构的休闲椅

3.1.1　力感

通过对产品的造型设计来体现产品整体的力量感、力度感是一种审美意识，强调的是人在审美活动中对审美对象中的某些因素的强烈程度的力量感知。钉子通过直线造型和钉子头部的尖角，在功能和视觉上形成了尖锐有力的力量感（图3-32）。虽然生活中存在各种力的组合，但要将这些表达力量感的因素应用到设计中，需要进行有意识的设计训练。最终呈现出一种令欣赏者醒目、振奋、震动的力度，产生对感官的明显的强力冲击，从而最大程度上满足审美需求。设计师不仅要研究造型中各种单向力的表现，还要关注整体，进一步研究整体力学结构的组合状态和组合原则。在设计训练中，可以应用直线型的造型元素来塑造坚毅、尖锐、强劲的视觉感，因为以直线形为主的造型可以构造稳定而强劲的力量感。例如图例中的楼梯，通过直线形的造型塑造了平稳的结构和强有力的造型（图3-33）。在造型过程中，还要通过平衡、重心、强调、层次、节奏等美感要素的构思和创作实践，以加强产品造型的力度感，并实现力学结构的整体组合。

3.1.2　量感

量感通常指物体具有饱满、充实的程度，以及其形态、体积、重量、厚度等方面的大小或厚实感。相比之下，力感更注重在造型中通过视觉表现给人有劲、有力度的感觉；而量感更强调有重量的视觉感受或种类数量上的丰富。就如连绵起伏的群山，给人高大、巍峨的视觉重量感。在造型设计中，通过运用明暗、色彩、线条等造型因素，可以表达出产品的轻重、厚薄、大小、数量等感觉。量感的应用可以使产品产生高大、神秘、雄伟、庄严等视觉感受。例如，乐山大佛作为一个高达71米的摩崖石刻造像，矗立于岷江、大渡河和大青衣江三江汇流处，给人一种庄严、高大、神秘的感受（图3-34）。在设计训练中，可以运用几何形体等造型元素来表现有力度、有量感的形态。

  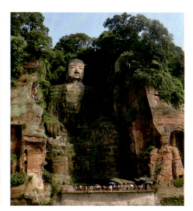

图3-32　钉子的造型形成了尖锐有力　图3-33　直线形造型的楼　图3-34　乐山大佛
的力量感　　　　　　　　　　　　　梯

3.1.3 空间感

黑格尔认为，空间形式是自然界中最抽象的形式。艺术家通过将这种抽象形式凝聚在具体作品中，通过联想和想象，使人产生超越实际空间的感受。在不同的艺术门类中，空间感具有不同的特点。在雕塑艺术中，形象存在于三维立体空间中，造型主体通常没有背景。艺术家通过特定的瞬间造型和对空间深度的追求，使人联想到形象活动的环境空间。在绘画和摄影艺术中，形象存在于二维平面中，但通过构图、透视、线条走向、光影和色彩处理，使人感受到空间的整体性和立体感。在产品设计中，产品造型的空间感主要体现在造型元素和结构的排列和层次关系上，以及整体形态与环境空间的关系上。通过结构和造型元素的配合，可以呈现出产品造型的层次、立体感和空间感。在设计训练中，可以运用造型元素中的位置对比、形态对比等手法来创造错落有致、层次分明的空间感。例如，运用故宫建筑制作的灯具，在造型中用线条将立体的故宫造型放到同样是线形的灯罩内，利用线条形成形态上的透视和中空，以及错落有致的位置安排，营造出空间感（图3-35）。

3.1.4 动感

运动感，又称为"动感"，是指静止的产品通过设计产生类似运动的审美感受。通过设计的手法，产品能够给人一种运动、流动的视觉感受。《罗丹艺术论》第四章他解释雕塑的运动感说："所谓运动，是从这一个姿态到另一个姿态的转变。"在造型设计中，动感实际上是通过表现形态在瞬间变化的方式来体现。通过巧妙的结构设计，可以营造出造型元素的运动与流动感。尽管造型本身是静止的，但动感的应用可以使静态的形象展现出动态美，扩大作品的表现力，使艺术形象充满生气。例如，甘肃武威汉墓出土的雕塑作品《马踏飞燕》就展现了一种运动力的特征，给人以轻盈的运动感。同样，无人机的设计模仿昆虫的身体结构与飞行时的动态，在造型上给人轻盈的运动感（图3-36）。

图3-35 故宫元素的灯具

图 3-36 无人机设计

3.1.5 质感

质感可以真实地表现出事物所具有的特殊质地，如皮肤的柔嫩或粗糙、首饰的光泽、玻璃的透明、钢铁的硬重、丝绸的飘逸等。在产品造型中，质感主要通过应用色彩、材料和表面处理效果来表现。不同的质感会给产品造型带来不同的感受。例如，金属产品在质感上给人光滑、坚固的感觉，玻璃产品给人透明、纯净的质感，木质产品给人温暖、亲切的质感等等。

任务 2 仿生产品造型设计

1.项目要求

（1）项目名称：仿生产品造型设计

（2）项目内容：通过寻找、研究、模仿大自然中的美好事物完成仿生设计

（3）项目时间：4 课时

（4）训练目的：

A. 通过训练了解产品功能结构与大自然的关系，培养产品设计的整体思维。

B. 通过训练能思考与分析产品的造型与大自然的联系。

C. 通过训练培养观察能力、思考分析能力、口头表达能力等。

（5）教学要求与方法

A. 理论采用多媒体讲解。

B. 项目实践分组训练，教师指导。

C. 教学手段可实例教学或其他多样化方式，因材施教。

（6）作业评价

A. 归纳与分析的合理性。

B. 口头表达的逻辑性，团队协作的配合与分工的合理度。

2. 项目内容：将优秀的自然造型特征，应用到产品造型中

（1）第一阶段：分析自然物

抽象分析自然物的造型特征。并把自然物的造型特征提取出来。

作业形式：

分析 5 种自然物的造型特征和造型优势，并将仿生的造型特征抽象成能应用的图形元素，整理成图文资料，表现在 PPT 上。

（2）第二阶段：应用元素造型

将前一阶段分析后得出的仿生造型元素应用到产品设计中。

作业形式：

将第一阶段对自然物的造型特征分析后得出的仿生造型元素，应用到产品设计中，仿生的造型要体现产品的优点。

3. 项目知识点：仿生设计

设计师通过研究和模仿大自然中的优秀事物以完成设计的方法被称为仿生设计。仿生设计主要是运用艺术与科学相结合的思维与方法，从人性化的角度，不仅在物质上，更是在精神上追求传统与现代、自然与人类、艺术与技术、主观与客观、个体与大众等多元化的设计融合与创新，体现辩证唯物的共生美学观。人类最初使用的工具——木棒和石斧，是对大自然资源的应用；骨针的使用，无疑是对鱼刺的模仿。这些工具的创造和生活方式的选择可以被视为对自然中存在的物质和构成方式的直接模仿，这代表了人类创造的初级阶段，也可以说是仿生设计的起源和雏形。随着仿生技术的发展和广泛应用，仿生设计亦获得突飞猛进的发展，如智能机器人、雷达、声呐、自动控制器、自动导航器等都是仿生设计的优秀成果。

仿生设计是产品设计中常用的一种手法，设计界中有许多仿生设计案例，很多设计师偏爱这种方法。那么，如何运用仿生设计来完美地表达自己的创意呢？设计师通过模仿自然界中的物体来设计产品的造型，这实际上是对大自然美好事物的再现，通过再现美好事物来传递美好的愿望。大自然中充满了无尽的优秀设计，对设计师而言，大自然是个取之不尽、用之不竭的"设计资料库"。设计师 Yeonkyung Jeong 设计的 CLERD——云状的自然空调，就是采用了大自然中的云的造型，通过联想将云与空调结合起来，使人们使用时在视觉上感受到大自然的美，从而在心理上感到更加舒适（图 3-37）。设计师们通过观察

图 3-37 CLERD——云状的自然空调

大自然，研究和模拟自然界生物各种各样的特殊本领，包括生物本身结构、原理、行为、功能、体内的物理和化学过程等，这些为设计师提供了新的思考模式。

仿生设计可以采用自然界的万事万物中"形""色""音""功能""结构"等为研究对象，并有选择地在设计过程中应用这些自然特征和原理，同时结合形态设计，为产品的造型提供新的思想、原理、方法和途径。作为造型设计与自然界的交融点，仿生设计使产品的造型与自然达到了高度的统一，成为设计发展中的新亮点。下面通过设计案例来演绎仿生设计的基本方法。

3.1 "形态"仿生

形态仿生强调对生物外部形态美感特征的抽取整理，并寻求对产品形态的突破和创新。这种方法主要基于对大自然中植物、动物、微生物、人类等典型外部形态的认知，将其特征或神态应用到产品造型中。在设计过程中，关注的是对产品形态的突破和创新，强调抽取整理生物外部形态美感特征，强调对生物外部形态美感特征与人类审美需求的表现。刺猬按摩捶产品运用了小刺猬的形态美感特征进行造型设计。按摩面采用了刺猬背部密集的刺的特征，底部则设计有四只小圆脚，可以双面使用。整体造型小巧轻快，形象生动（图3-38）。

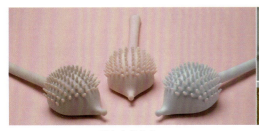

形态产品仿生 1   形态产品仿生 2

3-38 刺猬按摩捶（设计者：陈锦溪、方良芳）

在进行形态仿生设计时，主要采用的设计方法包括联想、抽象和概括。通过联想和想象，找到要设计的产品与大自然之间的联系，然后对形态进行抽象或使用简单的形体来反映出物体的独特本质特征，从而增加产品在功能、形态和结构方面的可能性。由于逼真地展现生物形态缺乏趣味性，在进行仿生模拟时并不是直接复制仿生对象的形态，而是通过简化仿生对象的形态，将仿生设计产品的形式呈现为简化的形象。通过抽象和概括出仿生对象的特征作为造型设计的元素，以传达其本质特征，并通

图 3-39　椅子

过形态的抽象变化，运用点、线、面的组合来表现生物美的特征，从而体现产品的美感。蝴蝶椅设计就运用了蝴蝶的形态特征与椅子的形态联系，并通过对蝴蝶形态的抽象和概括，将点、线、面的运动组合成具有蝴蝶神韵的椅子造型（图 3-39）。

3.2　"表面肌理"仿生与造型设计

表面肌理的仿生设计主要涉及产品外观的颜色、材质和工艺设计。自然生物体的表面肌理与质感，不仅仅是一种触觉或视觉的表象，更代表某种内在功能的需要，具有深层次的生命意义。通过对生物表面肌理与质感的设计创造，可以增强仿生设计产品形态的功能意义和视觉表现力。色彩、材质、肌理是在产品形态设计的基础上呈现的视觉要素，是产品造型设计视觉要素中不可分割的部分。在进行表面肌理仿生设计时，模仿的肌理应与造型的设计有一定的联系，这样才能使产品在视觉上具有生动的生命力。Materialize.MGX 设计的模拟蜂巢肌理的果盘，在果盘的造型设计中找到与蜂巢的形态相似的联系，这样使肌理的表达更生动（图 3-40）。

图 3-40　Materialize.MGX 设计果盘

3.3 "声音"仿生与造型应用

图 3-41　Alessi 带小鸟鸣笛的热水壶

声音是构成美好大自然的重要组成部分，而人类对于愉悦的生活体验也离不开声音。如今科学家们可以模仿某些鱼类所喜欢的声音来发明诱捕鱼的电子诱鱼器，仿生学家仿照水母耳朵的结构和功能，设计出了水母耳风暴预测仪，相当精确地模拟了水母感受次声波的器官，科学技术的进步和仿生学的发展为我们的设计提供了广阔的空间。在产品设计中，模拟自然界声音的仿生设计案例也不胜枚举。带小鸟鸣笛的热水壶通过设计，使水烧开后产生类似小鸟叫声的鸣笛声，提醒人们水烧开了，这款产品正是通过模仿鸟鸣的声音完善了产品的功能，避免了传统无声水壶水烧干的危险（图 3-41）。

在声音的仿生设计中，我们需要合理地将产品的功能、声音和造型结合在一起，而不是生硬地将没有关系的声音应用到产品上。通过合理的联想，使产品的功能、声音和造型相互呼应。以厨房用猫头鹰定时器为例，该产品结合了定时器的定时提醒功能，并采用了模拟猫头鹰的咕咕声作为提醒音。在产品的造型上，也将猫头鹰的造型进行了抽象简化，使产品的功能、声音模拟和造型有机地结合在一起（图 3-42）。

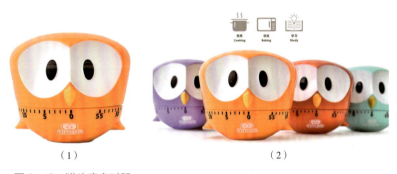

（1）　　　　　　　　　（2）

图 3-42　猫头鹰定时器

3.4 "功能"仿生与造型应用

功能仿生设计主要研究自然生物的客观功能原理与特征，从中得到启示以促进产品功能改进或新产品功能的开发。功能仿生设计是通过观察，捕捉借鉴生物本身独有的功能，将这些功能进行提炼加工，扬长避短，满足人们更多的需求。例如，概念车的座椅设计灵感源于自然荷叶的疏水功能，形成特殊的微米纳米双重结构，使其表面不易被水打湿。表面的纹路模仿的也是荷叶的叶脉

图 3-43　概念车座椅设计

纹理，并采用植物染色及超疏水纳米防污涂层的表面处理技术，从不同的角度可看到叶脉颜色的变化，使整个内饰营造了荷塘意境（图 3-43）。Dew Bank Bottle 晨露收集器的设计是借鉴生活在纳米比亚沙漠中的一种神奇的昆虫沐雾甲虫，这种昆虫能在朝露中收集小水珠，将其集中在一起然后吞入体内。Dew Bank Bottle 晨露收集器就是仿生了这种昆虫，它金属的外表能很好地抓住露珠，汇成的水珠最后都收集到了容器里。这个晨露收集器可以解决缺水的非洲或野外生存的用水问题。

在产品设计中，功能的仿生主要是将自然生物的客观功能原理与特征应用到产品的功能中，但在设计时也要注意造型设计与功能设计的巧妙结合，这样在消费者使用产品时才能体验到产品设计的整体性。如上面提到的概念车的内饰设计，造型营造的荷塘意境与座椅设计采用荷叶的功能设计巧妙结合在一起，使汽车的内饰在视觉、功能上形成了联系，让人感受到产品的整体性与完整性。

3.5 "结构"仿生与造型应用

生物结构是自然选择与进化的重要内容，决定着生命形式与种类的因素，具有鲜明的生命特征与意义。结构仿生设计利用对自然生物由内而外的结构特征的认知，结合不同产品概念与设计目的进行设计创新，使人工产品具有自然生命的意义与美感特征。例如，苍耳的果实身上长满带钩的刺（图 3-44），这种天然的小钩子结构，可以勾上环状的织物或毛发。设计师借鉴这种结构，利用钩子和环状织物组成一种双片的粘合材料魔术贴。魔术贴的其中一片材料使用硬制的纤维制作成钩子状结构模拟苍耳，而另一片使用软制的纤维制作成环状织物模拟纺织物或毛发。这种仿生设计的魔术贴在今天已经广泛应用于鞋子的搭扣、背包电脑包的封口、衣服的连接部分等领域（图 3-45）。

应用生物结构进行产品造型设计时，要注意应用的自然物结构要与产品的构造需求一致，有些自然物结构在设计中的体现是内在的构架，而有些则在产品造型上体现为外在的视觉化效果。例如，蜜蜂所制造的六角六面状窝，因为多面的排列和一系列连续的蜂窝形的网状结构,可以分散承担来自各方的外力,使得蜂窝结构对挤压力的抵抗非常强。这种蜂窝结构在建筑结构中也常常采用,体现为内在的构架的应用,利用了其承受力强,节省材料的优点。在产品设计中,对蜂窝结构的应用主要体现在外在视觉上,例如,制作冰块的膜具、蜂窝折纸椅、汽车的防护格栅、户外用手套等产品对蜂窝结构的应用,这些应用展现了在产品设计中通过对自然物结构的模拟优化了设计的性能。(图3-46—图3-49)

图 3-44　苍耳的果实身上长满带钩的刺　　图 3-45　魔术贴

图 3-46　制作冰块的膜具　　图 3-47　蜂窝折纸椅

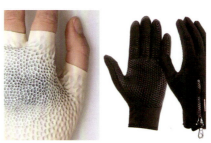

图 3-48　长安汽车的防护格栅　　图 3-49　户外用手套

　　我们在模拟自然物进行仿生设计时，不能直接照搬自然物的形态、功能、声音、结构等特征，而是要对自然物的优点、特征进行抽象、提取与改良，使产品与被模仿物巧妙地结合，这样才能使设计后的产品具有在功能、造型、结构上优良的特点，同时更加生动且与环境更和谐。特别是在高科技技术日益发达的今天，仿生设计的应用使产品设计更具有人情味。例如，设计师 Jayjay Ugbe 设计的台灯借鉴了大自然中大树的造型，灯柱设计生动地模仿了笔直的树干，这个仿树枝设计的台灯造型可以让我们联想到大自然，拉近了人与自然的距离，具有人情味（图 3-50）。具有人情味的人性化设计是未来造型设计的趋势，仿生设计的造型可以让我们联想到大自然，更能让人的情绪放松，让人的心情更加愉悦。

图 3-50　设计师 Jayjay Ugbe 的树枝台灯设计

项目四 基于场景的产品造型——灯具设计

项目介绍

通过观察与思考场景的特征，将对场景的抽象感受与产品的造型设计建立联系，主动探究产品使用的环境，培养产品设计的整体思维。

项目任务

任务1 抽象感受与造型设计应用

1.项目介绍

（1）项目名称：抽象场景感受

（2）项目内容：从产品使用场景出发，抽象场景感受

（3）项目时间：4课时

（4）训练目的：

A.通过训练了解产品使用场景与造型的关系，培养产品设计的整体思维。

B.通过训练能思考与分析产品的使用场景与造型的关系。

C.通过训练培养观察能力、思考分析能力、口头表达能力等。

（5）教学要求与方法

A.理论采用多媒体讲解。

B.项目实践分组训练，教师指导。

C.教学手段可采用实例教学或其他多样化方式，因材施教。

（6）作业评价

A.归纳与分析的合理性。

B.口头表达的逻辑性，团队协作的配合与分工的合理度。

2.项目内容：从使用场景出发，提取场景特点

（1）第一阶段：将场景特点应用在灯具设计中

分析大自然的场景特点，并分析用户需求。将大自然的具象场景抽象化为用户感受，使产品的造型与用户感受相匹配。

作业形式：

选择2个不同的自然场景，重点分析自然场景的特点，以及人对大自然场景的感受等信息，用文字把大自然的场景抽象化为具体的用户感受，整理成图文资料，展示在PPT上。

（2）第二阶段：将场景特点应用在灯具设计中

作业形式：

针对第一阶段抽象化得到的用户感受，在满足产品功能与结构的基础上，提出灯具的整体设计方案。然后进行草图方案绘制和效果图制作。得到的产品造型与场景要相匹配，在成果中应写出简单的设计说明。

3.项目知识点：场景与造型设计

3.1　场景与产品造型设计的关系

在前面的学习中，我们了解了从产品的功能、结构、仿生学等方向出发进行造型设计。本章我们要思考和分析产品的使用场景，并研究从产品的使用场景出发进行造型设计，以使产品的设计更加完善，让人、产品和环境形成和谐的系统。日常生活中的产品都有特定的使用场景，我们在使用产品时通常是在某个情景或环境下进行的。例如，我们使用灯具是在光线灰暗时使用的，使用床是在安静的卧室使用的，使用厨具是在厨房做饭时使用的等。每种不同的场景都会对我们设计的产品造型产生影响，因此在设计产品时必须考虑这些产品使用的场景因素，才能使产品的设计更完善。例如，在书桌上看书需要照明时，我们需要一个能适应桌面环境和阅读场景的台灯。台灯的设计因为桌面的环境一般形体较小，阅读的场景需要安静与放松，所以台灯的造型在设计上多采用简洁的造型，小巧简洁的台灯与桌面环境和阅读场景相得益彰（图3-51）。

研究从场景出发去分析、去设计产品的功能与造型，可以使产品、人和环境更加协调与融合。基于场景分析进行的设计，当场景发生或来临时，产品与用户的贴合度更高，产品的生命力更强，也更能满足用户内心的期望或需求。例如，木马工业产品设计有限公司设计的江南城市路灯，以江南独特的建筑风格为造型元素，应用白墙黑瓦的色彩，将乌黑的瓦房上翘元素运用至路灯的照明位置，加以花窗式错落有致的纹路样式，这样的设计使得此款路灯更具有江南风格，营造了独特的江南韵味，使得路灯与江南的环境形成统一的城市风光（图3-52）。

图3-51　小巧简洁的路灯设计　　图3-52　木马工业产品设计有限公司设计的江南城市路灯

3.2　提取场景特点与造型设计应用

在产品设计中，将产品融入特定的场景不仅让用户对产品本身产生兴趣，同时也能引起用户对整个场景的情感认同。从场景出发进行造型设计时，首先要充分了解并分析场景的特点与风格，将场景中的重要因素转化为对造型设计有用的信息。将环境中有用的因素提取出来，作为产品造型的元素，实现场景与产品造型相互作用和相互呼应。在练习时，我们可以分析产品的使用环境，将环境转化成一种心理感受，例如，阅读的环境给人平静、沉浸的心理感受，而运动场给人活泼、动感、富有生命力的心理感受等。通过这种抽象的感受练习，可以为造型的风格设计提供依据。对环境进行抽象感受不仅是对环境的分析，同时也为产品与环境的融合提供了基础，为后续提取环境因素、寻找造型设计元素做准备。特别是像灯具这种能在很多场景使用的产品，更需要根据环境而进行多样化的设计。灯具的主要功能是照明，在我们生活中能使用的场景很多，室内室外都需要使用灯具，如家居环境有吊灯、台灯、落地灯等，办公环境需要顶灯、台灯等，公园、街道需要路灯、草坪灯等，每种环境都可以根据环境的特征进行不同的造型设计，提高我们生活场景灯具造型的多样化。我们在设计小区或公园中林荫小路上的路灯时，小区、公园林荫小路是我们散步时的环境，环境给人放松、惬意、自由的心理感受，设计的路灯造型风格也应该是简洁的、轻松的、休闲的。例如，社区公园内，树枝形态的路灯由不同形状和高度的三根灯柱组合在一起，在形态上与树木存在一定的相似度，路灯就像发光的树枝一样与周围环境相互辉映（图3-53）。商业广场是人们进行商业活动的场所，这个环境中的路灯设计应该体现商业场所的特点，给人时尚感、现代感或科技感（图3-54）。所以以场景为出发点设计产品，应先分析环境的特点，把不同环境给人的不同感受提取出来，这样我们以环境为基础设计的产品造型就更能与环境匹配。

图3-53　小区路灯　　　　　　　　　　　　　　　　　　　图3-54　商业广场路灯

任务2 产品造型设计与场景的融合

1.项目介绍

（1）项目名称：造型设计与场景的融合

（2）项目内容：从产品使用场景出发，对场景中的产品进行的造型设计

（3）项目时间：4课时

（4）训练目的：

A.通过训练了解产品使用场景与造型的关系，培养产品设计的整体思维。

B.通过训练能思考与分析产品的使用场景与造型的关系。

C.通过训练培养观察能力、思考分析能力、口头表达能力等。

（5）教学要求与方法

A.理论采用多媒体讲解。

B.项目实践分组训练，教师指导。

C.教学手段可采用实例教学或其它多样化方式，因材施教。

（6）作业评价

A.归纳与分析的合理性。

B.口头表达的逻辑性，团队协作的配合与分工的合理度。

2.项目内容：从使用场景出发，对灯具进行造型设计

（1）第一阶段：分析产品的使用场景，并分析用户需求。根据不同的场景设计出适合场景的产品。使产品的功能、造型与使用场景相匹配。

作业形式：

选择2个不同的场景，进行环境分析与用户分析，重点分析这2个场景的特点，以及人对场景的需求等信息，提出产品设计的方向，整理成图文资料，展示在PPT上。

（2）第二阶段：在产品功能设计、用户分析、结构设计的基础上，提出灯具的整体设计方案。

作业形式：

根据第一阶段提出的灯具设计营造氛围的方向，在满足产品功能、结构的基础上，提出灯具的整体设计方案。然后进行草图方案绘制和效果图制作，得到的产品造型与场景要相匹配，成品中应写出简单的设计说明。

3.项目知识点：造型设计与场景的融合

3.1 产品使用场景分类

场景是由人、事、物、环境、气氛等元素组成的特定情境或场面，与单纯

的环境有所区别，因为场景是以人的活动为中心。在我们的日常生活中，产品使用的场景主要与人的社会活动相关，涵盖了工作、学习、生活、休闲娱乐等社会活动中使用产品的情景。这些场景主要分为工作场景、学习场景、生活场景与娱乐场景等。各类场景通过空间布局与产品的使用相互影响，可以营造出某种特定的"场景感"，从而给人带来不同的心理感受。例如，通过使用统一造型元素的产品将办公环境营造成整洁整体的工作场景感，能给人带来整洁的心理感受。

（1）工作场景产品造型设计

工作场景是人们在工作时产生的特定情景，由工作的空间环境、使用的产品及工作人员等因素组成。在工作场景中使用的产品主要涵盖各类办公用品或工具类产品，设计这些产品的目标是提高工作效率，因此在功能设计上要简单易用，造型设计上要简洁、易于功能的展示与操作。办公场景中使用的产品主要有：各类办公用品、灯具、办工桌、椅子、垃圾桶等，在办公场景中还有一些常见的小型家电，如空调、饮水机、风扇、加湿器、音响等。现代人们倾向于使用整体的、模块化的、系列化的产品设计，以营造整体统一、干净整洁的视觉效果，从而提高工作效率。系列化办公用品设计，办公环境中的办公用品、桌椅、灯具等多种产品，通过造型风格与色彩的统一设计，在视觉上呈现整体性的效果，给人整洁的感受，在这种整洁的工作场景中人们工作起来心情更舒畅，效率也相应的更高（图3-55）。同时，有的人还喜欢使用时尚感强的产品设计，以营造时尚的办公场景，提高审美体验，从而增加工作的积极性。有的喜欢使用有趣的产品设计，营造趣味性的办公场景，使办公环境更加放松愉快，以此提高工作效率。因此，在设计办公场景中的产品时，可以根据现代人们的不同需求与喜好入手，将办公场景的使用目标——提高工作效率，与人们的需求结合起来，进行产品的造型设计。

图3-55　工作场景设计示意图

（2）学习场景产品造型设计

图3-56　儿童书桌设计

学习场景主要由学习的空间、学习用品、学习者等因素构成，学习场景中主要使用的是辅助学习的产品，如学习用品、台灯、书桌、椅子等。学习场景中的产品设计主要以辅助学习、营造安静的场景为设计目的，功能与造型设计要考虑不同年龄阶段的使用者的不同需求，因为学习场景中的使用者涵盖了6—12岁的少儿、12-18岁的青少年，以及18岁以上的成年人，不同年龄阶段对学习产品的需求也有所差异。在设计供少儿使用的学习用品时，安全性与易用性是首要考虑因素。产品的造型应避免尖锐的角与边，通常会采用更圆润可爱的整体造型设计。此外，产品的尺寸也要适合儿童使用，色彩要符合儿童的喜好，材料选择要安全环保。图例中的儿童用课桌与椅子，在造型上应用了圆角设计，尺寸符合儿童的身高，色彩鲜艳、多彩，并选用重量较轻且安全耐用的塑料材料，以满足儿童的使用需求（图3-56）。而在设计供青少年使用的学习用品时，产品的造型应简约整体，营造视觉上整体统一的学习场景。产品的设计应能够帮助他们学习，提高学习效率。在视觉上，产品的整体设计可以让学习场景更加专注和舒适，满足青少年阶段对渴望学习提高的要求，从而提高学习的积极性。

（3）生活场景产品造型设计

生活场景是与人们日常生活紧密联系的场景，主要解决家居环境的需求。家居环境包括客厅、书房、卧室、厨房、卫生间、阳台等各个功能区域。

客厅在人们的日常生活中使用是最为频繁的，它的功能集聚放松、游戏、娱乐、进餐等。客厅里的产品主要有电视、沙发、落地灯、空调等。作为整个房间的中心，客厅受到人们更多的关注，设计的重点通常集中在电视墙和沙发等会客区域。客厅往往被精心设计、精选材料，以充分体现主人的品位和意境。传统的客厅以会客功能为主，因此沙发、茶几、电视、电视柜是主要的产品。然而，现代人越来越追求简单的生活，现代客厅的功能越来越多样化，客厅不再以电视为中心，而是根据自己的喜好进行布置。例如，有的人喜欢阅读，可移动的书柜书架设计就增加了阅读的范围，使客厅的会客与书房的功能结合起来，实现了客厅多样的功能（图3-57）。同样的，也可以在客厅中做小孩娱乐的产品设计，增加小朋友的活动空间，同时满足会客的功能。因此，我们在设计客厅用的产品时，可以将不同的消费者对客厅的不同需求与场景需求相结合，产生新的创意并开发出新的产品，以满足现代人的不同需求。

在现代家居中，有些客厅与餐厅是融合在一个空间的，因此在设计产品时要考虑客厅产品与餐厅产品的协调性。一个常见的方法是将客厅的灯具设计与餐厅的灯具设计在造型元素上进行合理的统一，这样可以使整个环境看起来更加协调统一。在图例中，客厅与餐厅的灯具都选用了相同的球形外形，并采用了黄铜材质，使得两个空间的产品在造型上得到了统一。这样，不同空间中的产品就能够有一种联系和呼应，增强了整体的和谐感（图3-58）。

卧室是供居住者在其中睡觉和休息的房间，通常是家庭场所中空间较大的非活动居住空间。其主要功能是休息，因此需要营造安静、舒适的氛围。卧室里的产品主要包括床、柜子、灯具、空调等。床是卧室里最主要的产品，供人们休息睡觉使用。床通常由床架和床垫构成，床架的设计多以长方形的外形为主，也有一些采用圆形、半圆形等其他外形的造型。床的形态主要是根据现代房屋的结构和人体尺寸需求而设计的。在造型设计时，最终目的是让使用者在使用时感到愉悦和舒适。因此，卧室的产品设计应采用柔和的造型、舒适的色调和柔软的材质，营造出静谧而平稳的氛围，使用户没有压力。运用圆的外形和形成波纹的灯具产品造型，可以使灯具的造型与卧室的场景需求结合在一起，这样的设计能够为卧室营造温馨温暖的氛围，让人快速平静舒缓下来（图3-59）。

图 3-57 可移动的书柜书架设计

图 3-58 客厅与餐厅灯具

图 3-59 卧室顶灯工具

图 3-60 厨房设计

厨房作为家居生活中具有烹饪功能的空间,是进行一系列烹饪活动的地方,如备菜、烹饪、洗碗等。在厨房场景中,人们需要使用各种厨具和电器,如灶台、橱柜、天然气灶、冰箱、微波炉等,来完成各种烹饪任务。由于厨房一般是房间布局中面积较小的空间,因此在设计厨房产品时,需要考虑节约空间的造型设计。除此之外,由于烹饪活动的特点,人们在厨房中进行烹饪活动时会使用到许多厨具,这个过程容易使厨房场景看起来杂乱,因此厨具的设计应尽量使其看起来整洁、干净(图 3-60)。我们设计厨具的造型时,可以在一系列厨具中应用相同的造型设计元素,这样才能使产品保持整体性,相同的造型设计元素形成的整体性造型效果,可以避免给人带来混乱的视觉画面。

我们在设计家居的产品时应该将消费者不同的喜好、需求与家居的场景需求结合起来,产生新的创意得到新的产品,以满足现代人们的不同需求。例如,有的人在装修房间时会选择不同的装修风格,因此在设计家具时可以根据不同的风格选择不同的设计元素,并应用到家具的造型中。另外,对于较小的家居环境,设计师可以为空间有限的消费者设计折叠式家具,既满足产品的使用功能,又不占用过多空间,从而更适合小居室的使用。

3.2 场景与造型设计融合方法

在设计中要使产品造型与场景融合,就需要确保产品设计与场景产生共鸣。这需要使我们设计的产品与人的情感和场景产生有关联的认同感,以建立商品与用户之间的联系。因此,融合场景与造型设计的方法首先应该考虑产品在使用过程中与环境中人的需求相匹配。然后再去分析与人、产品、场景相关的其他元素,如时间、事件、情感等。一个场景可以分解为五个主要因素:人、地、时、事、情感，而这五个因素都围绕着人的需求展开，人的因素是其中最核心的因素。一个产品的使用场景可以由以上几个因素中的若干个元素构成，而构成的元素越多，体现出来的用户需求就越明确。例如，如果我们计划周末一家三口去郊外露营野餐，那么在这个场景下，我的需求可能涉及一些露营与野餐所需的产品。五个因素对应的关系如下：

人	地	时	事	情感
一家三口	郊外	周末	露营野餐	放松、愉悦

基于这样的场景，我们所需要的露营与野餐的产品，应该满足这种场景中人们期待的情感需求，如上表，我们期待的露营野餐的情感是轻松愉悦的，所以我们在设计这类产品时，在产品造型上也应给人轻松愉悦的感受。如，露营用的灯具除了可以照明，还可以设计营造氛围的功能与

图 3-61　可折叠的桌椅

形态；露营的地点是郊外，为了便于携带和使用，露营用的桌椅应设计成轻便且易于折叠的形式（图 3-61）。

随着科技和人们生活水平的提高，人们的需求也在不断增加，对不同场景的需求也会发生变化，因此产品设计也将随之而变化。例如，在前面提到的露营野餐场景中，人们不再满足只在天气晴朗的日子进行户外野餐活动，因此设计了适合家庭使用的天幕，用于家庭户外遮阳、遮风和避雨，以满足一般家庭在户外露营野餐的需求（图 3-62）。因此，产品会因为场景的需求不断进行优化和升级，将相关需求进行合理的组合，将不同内容的场景进行串联，从而实现产品使用的便利性。产品设计的升级也会促使造型的升级。

图 3-62　天幕

　　我们在基于场景设计产品造型时，主要是以场景为主要出发点思考产品的造型设计，具体来说可以从几个方向进行分析：

　　（1）场景的功能与造型的融合

　　有些场景具有较强的功能性，例如医院、书店、学校、书房、厨房等。这些场景都有具体的功能要求，在设计环境中的产品时，首要考虑满足场景的功能需求，同时造型设计也应尽可能为特定的功能服务。例如，在幼儿园的公共家具和设施设计中，要考虑适合幼儿园的小朋友们的特点，这个阶段小朋友们主要以学习生活技能和培养习惯为主，要使他们在环境中生活方便，因此设施和家具的造型设计要简洁，外轮廓要进行倒角，避免小朋友在环境中受伤（图3-63）；在小学的公共家具和设施设计中，要考虑小学生活泼的性格特征，营造适合小学生活动的场景（图3-64）；在大学的场景中，要营造自由开放地教学和学习讨论的场景，在设计中应考虑可移动的公共设计和公共家具（图3-65）。

图3-63　儿童活动场所家具设计

图3-64　小学生活动场所家具设计

图 3-65　开放式教学场景家具设计

（2）情景化产品场景与造型

从产品使用的情景入手，设计时将产品使用的场景进行情景化，让使用者使用产品时与环境产生联想，从而让产品更加亲近人与环境。具体方法是分析与产品匹配的使用场景，用还原场景的方式设计产品造型，首先将产品与某个场景或画面联系在一起，这个场景或画面与产品有关联的情景。然后将造型设计与这个场景融合起来。例如，在设计花瓶时，可以把先把花瓶与使用环境进行情景化，首先我们要思考花瓶是用来插花的，可以将插花还原到它本来的场景，可能是草地上的花，可能是树枝上的花，因此花瓶可以设计为草地或树枝的造型，使插花像还原到花本来的场景一样。Normann Copenhagen 设计的小草花瓶，还原了草地与小花生长的场景，将花瓶设计成草地的造型，使插花变得更加有趣（图 3-66）。再如，设计师 Mathieu Lehanneur 设计的云朵吊灯，在房间上空营造了天空的场景，使人们在室内空间联想到天空场景，视觉上感觉更加宽敞和有趣味性（图 3-67）。

图 3-66　Normann Copenhagen 设计的小草花瓶

图 3-67　设计师 Mathieu Lehanneur 设计云朵吊灯

　　（3）整体思考环境与产品

　　将环境与产品设计统一进行思考，可以使产品设计更加系统化，同时实现环境与产品的良好融合。以前的厨房空间由于厨具繁多，导致厨房常常显得杂乱无章。现在的厨房通过整体思考与设计，厨具和厨房家具都成套或组合设计，这不仅使产品使用更方便，还让厨房在视觉上更整洁、干净。在将环境与产品看作一个整体进行思考时，首先要分析环境的功能。例如，书房的功能是阅读和学习，卧室的功能是休息和睡觉，超市的功能是购物等。明确环境的功能后，再进行系统的设计，可以重点从人的使用方向入手进行整体的设计，也可以重点从视觉的感官效果方向入手进行整体的设计。设计过程中不仅要考虑功能，还应将造型、色彩和材质进行统一规划，使空间与产品的功能到造型都统一在一个系统中。整体厨房的设计，就是对厨房进行整体规划，将洗碗洗菜、储存、操作等厨用功能进行统一设计，形成集洗、煮、操作等功能为一体的整体橱柜。使厨房不仅在空间上得到充分利用，在使用上也更方便，视觉上也更整洁。

第四章｜设计案例鉴赏与分析

　　该章节以分析案例完整设计流程的方式，学习产品造型从思维到图纸的完整过程。案例主要以学生参赛获奖作品为主，涵盖了解读项目要求、设计元素提取、方案的造型设计，以及方案的解释和版式设计，展现了一个方案的完整设计内容与过程。学习的两个项目分别是从优秀文化出发的文创产品设计和从需求出发的创新产品设计。

项目一　基于传统文化的文创产品造型设计案例

项目要求

　　文创产品设计要以中国的优秀文化为背景，以产品的创新设计为主要方向，关注造型设计的新思路、新主张、新方向，通过造型设计，充分展现优秀文化的魅力，推动产品设计的创新。

项目任务

1.解读项目要求

　　以重庆大足文化为背景，以五金刀具为主要产品进行创新设计，关注造型设计的新思路、新主张、新方向，以及大数据和人工智能在五金刀具产业发展中的运用，通过造型设计，充分展现重庆大足独特的五金文化和石刻文化魅力，推动刀具产品设计的创新。

　　①充分考虑作品的市场价值和可实现性，注重刀具企业的实际需求；

　　②具备前瞻性、创意性，深度把握五金刀具未来发展趋势；

　　③版面内容应包含作品名称、整体效果图、局部细节图、基本外观尺寸、2个以上主要视图、设计说明等内容；

　　④设计图要求 jpg 格式文件，版面规格为 A3，竖式构图，一件作品仅限一个版面；

　　⑤效果图表现手法不限，能清楚表现设计者的创意和设计即可；

　　⑥局部效果图中应指出所设计作品的局部外型特征、所选用材料及其功用。

2.设计案例项目内容：提取优秀文化元素，进行产品造型设计

　　（1）第一阶段：寻找优秀的文化

　　寻找优秀的地域文化，分析其文化特点，并结合用户需求，找出文化特点与用户间的联系。

作业形式：

选择一个自己感兴趣的地域，先查询该地的传统文化或习俗特征，对传统文化的特征进行分析、筛选与提炼，精炼成图形或文化符号。再结合当地的地域文化特点选择一种文创产品，找出提炼后的文化元素与产品的结合点。整理成图文形式，展示在PPT上。

（2）第二阶段：提取造型元素，应用到产品造型中

作业形式：

以第一阶段提炼出的文化图形符号为基础，将其转换为具体的造型，在满足文创产品功能和结构的基础上，提出产品造型的整体设计方案。然后进行草图方案绘制和效果图制作。得到的产品在造型上要体现明确的文化特征，并要写出简单的设计说明，整理图文资料，展示在PPT上。

3.实践程序

3.1 项目知识点：文化元素提取与造型的结合

文创产品，即"文化创意产品"，指依靠设计者的智慧、技能和天赋，借助于现代科技手段对文化资源、文化用品进行创造与提升，通过知识产权的开发和运用，产出高附加值的产品。例如，依托某个地域特色和传统文化而设计的旅游纪念品等。文创产品的设计针对特定地域的特色，通常需要挖掘该地的传统文化，并加以应用，以反映该地的文化特点。传统文化是由人类发展、演化汇集成的一种反映民族特质和风貌的现象，是各种思想文化、观念形态和经济影响的总体表现。世界各地、各民族都有自己的传统文化，而中国的传统文化是中华民族的精神命脉，也是涵养社会主义核心价值观的重要源泉。中国是地大物博、民族众多的国家，传统文化在人们需要的时候发挥了不可代替的作用。中国传统文化历史悠久、博大精深，是中华民族文明的瑰宝，同时也是现代设计师进行产品造型创作的重要元素来源。将传统文化与现代产品进行结合，在原有设计的基础上进行创新，努力发展独具魅力的产品设计，能为人们带来更高层次的精神享受。

我国传统文化拥有丰富的艺术手法和形式，具有深沉、恢宏、灵秀、简约、质朴和精致等多种特点。将传统文化中的优秀形式及元素应用于创意产品的设计中，不仅可以提高产品的质量，使产品准确地传达设计艺术的形式美，还能提升产品的品位。将传统文化与现代设计结合在一起，在继承与发扬文化传统的基础上进行产品功能、造型等方面的创新与改良，能使产品更具中国气息，更符合时代发展的需要。

3.2 设计程序

3.2.1 从文化出发提取设计元素

文明的发展，如机械技术的进步，在任何领域都是相通的。相对于普遍性来说，文化是各国土生土长的，从古代一直传承到现在的社会生活形态。可以通过以"衣、食、住、行"为中心的生活方式的全体对文化加以考察。因此在设计文创产品过程中需要查找大量的资料，首先要确定一个方向，例如，为重庆市大足地区设计刀具，首先要查找大足地区的文化背景与特点，通过资料查找，我们可以发现大足有很多地域文化特征：世界文化遗产的大足石刻、是"五金之都""海棠香国"等。在这些文化特征中，我们要进行资料的筛选，再寻找大足文化特点中与刀具契合的点，这个契合的点就是我们要在后面的设计中大量运用到刀具方案中的设计元素。它可以是最能突出当地文化特点的元素，也可以是能和核心对象产品——刀具很好结合的元素，也可以是能与设计师情感共鸣的元素。案例"观水吟月"刀架与刀具设计就是选择了能突出当地文化遗产大足石刻的石刻"水月观音"，作为设计方案的设计元素（图4-1）。案例"松鹤祥刃"则是选择了中国传统文化中象征长寿的元素：古松、仙鹤和祥云，设计中采用的文化元素既是能与设计师情感共鸣的元素，也表达设计者对产品使用者的祝福，让自己设计的产品成为传播中国传统文化的媒介（图4-2）。

经过文化背景与特征的筛选后，明确了设计元素。然后，将找到的文化元素进行分析与提炼，要将文化特点提炼成造型能使用的图形符号。例如，在"观水吟月"刀架与刀具设计中，将大足石刻的水月观音中水月的形象与意境进行抽象、提取、变形，得到适合刀架与刀具产品设计的水、月的造型元素（图4-3图4-4）。这个过程就完成了从文化元素到设计元素的提取。

图4-1 水、月造形元素刀架设计

图 4-2　"松鹤"主题产品造型设计

图 4-3　水、月元素设计思路

图 4-4　水、月元素设计思路

3.2.2　将设计元素应用到造型设计中

通过上一步提取文化元素并进行抽象、变形，得到了具体的设计元素，接下来就是将设计元素应用到产品的造型设计中。设计元素应用到产品的造型中，主要从以下几个方面入手：形态、色彩、材质。

形态的应用不是简单的复制、粘贴，需要经过一些抽象简化的设计手法，提取其中的符号再将其运用到现代产品造型中，把平面的图形变换成立体的造型。应用的方法，一是将设计元素打散重组，从而创造出一种新的设计形式；二是对设计元素进行提取再加工，从设计元素出发获得新的立体造型。案例"观水吟月"刀架与刀具设计中的形态就是将得到的水与月的形态进行打散与重组，分别形成了刀架与刀具造型（图 4-5、图 4-6）。案例"松鹤祥刃"是对设计元素古松、仙鹤、祥云和太阳的形态进行了提取，再加工成了新的立体造型。其中，提取仙鹤的头部造型再加工设计成刀具的刀柄造型，提取古松、祥云和

图4-5　"观水吟月"刀架设计过程

图4-6　"观水吟月"刀具设计过程

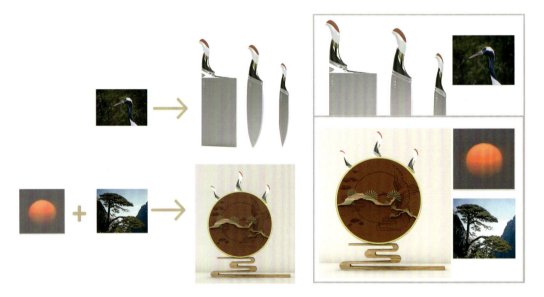

图4-7　"松鹤祥刃"刀具设计与刀架设计过程　　　图4-8　"松鹤祥刃"刀具成品

太阳的造型再加工设计成刀架的造型（图4-7）。应当注意的是，在形态的设计中同时要考虑到产品的功能、结构等要素，不能仅仅为了造型优美而失去了产品最本质的使用人性化的因素。

色彩的应用是对提取的设计元素形象中的色彩进行提炼和设计。例如，案例"松鹤祥刃"的刀具设计中，刀柄采用了鹤的黑白红配色，刀架上运用了太阳和古松元素的红色、绿色，并加入金色来突出吉祥的视觉感受。但这些颜色并非直接采用太阳和古松的真实色彩，而是经过调整后形成较为沉稳、有深度的色调，同时用金属色进行点缀，最后将所有色调和颜色饱和度统一在一个和谐的视觉感受的调上（图4-8）。色彩的设计是造型的一部分，它能使造型更加生动。在色彩的应用中一般是先对设计元素形象中的色彩进行提炼，然后进行色彩的再设计，最后统一配色的色调。

材质的应用是在造型与配色的基础上进行材料的选择。材料的选择一般是根据产品的功能、价值和人们的使用习惯来决定的。如书桌是人们用来办公、学习的，与人的身体接触面较大，因此一般选择较为天然的木质材料。合适的材料选择可以增强产品的视觉效果，增加产品的使用性和实用价值。

3.2.3　设计说明撰写与设计排版

我们的产品造型设计完成以后，通常以效果图的方式呈现，产品效果图包括产品展示图、产品使用方式图、产品场景图等。产品展示图主要展示的产品的造型、色彩、材质等信息；产品使用方式图展示产品的功能、结构，以及产品的使用方法等；而产品场景图则展示产品在特定环境中的使用情景。一个完整的设计方案，不仅有效果图，还需要设计说明与设计排版，设计说明与设计排版一般是在产品效果图完成后进行的。

方案完成后，我们可以先为方案撰写设计说明，设计说明要交代清楚以下几个主要问题：一、方案的创意来源；二、方案的创新之处；三、方案的详细内容，如产品的功能、结构介绍、产品的使用方式、使用环境等信息。设计说明先以文字稿形式完整表达以上内容，语言应当尽量言简意赅。

设计说明文字稿完成后，我们可以进行设计排版。设计排版的目的是让设计方案以一个整体的画面形式更加清晰地呈现，从而方便进行方案交流和展示。排版主要采用图文的形式，直观地解释设计者的设计方案。在排版中，我们需要合理地布局所用的效果图、设计说明、设计解释图等内容，以确保观看者能够清楚地理解设计师的设计意图。例如，案例"观水吟月"与"松鹤祥刃"中刀架与刀具设计的排版，给我们清晰地展示了设计师的思考过程，完整地展示了设计者想传达给大家的产品信息（图4-9、4-10）。

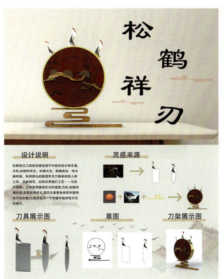

图 4-9　设计：皱欢、彭茜　　　　　图 4-10　设计：冉崇璇、熊倩

项目二　基于时代新需求的创新产品造型设计案例

创新产品设计要求以新时代的科技和人们的需求为前提,以创新设计为主,从时代与人们的新需求出发进行造型设计,通过造型设计充分展现新时代产品设计的创新。

1.解读项目要求

①充分考虑作品的市场价值和可实现性,注重人们在新时代的实际需求;

②具备前瞻性、创意性,深度把握产品未来发展趋势;

③版面内容应包含:作品名称、整体效果图、局部细节图、基本外观尺寸、2个以上主要视图、设计说明等内容;

④设计图要求 jpg 格式文件,版面规格为 A4,竖式构图,一件作品仅限一个版面;

⑤效果图表现手法不限,能清楚表现设计者的创意和设计即可;

⑥局部效果图应指出所设计作品的外型局部特征,所选用材料和功用。

2.设计案例项目内容:发现需求,提取元素,进行造型设计

(1)第一阶段:寻找新需求

寻找新需求,分析新时代下人们的需求特点,找出时代、用户需求与产品间的联系。

调研近两年人们热衷的活动,或近两年人们急需解决的问题,进行分析并从中找出产品的设计方向。

(2)第二阶段:提出解决方案,完成产品造型设计

针对第一阶段找到的产品设计方向,寻求解决方案,在满足产品功能和结构的基础上,提出产品造型的整体设计方案。然后进行草图方案绘制和效果图制作。得到的产品造型要体现新时代人们的需求与审美,并附上简单的设计说明,整理图文资料,展示在 PPT 上。

3.实践程序

3.1 项目知识点：发掘新时代人们的需求

时代不断变迁，人们的活动和需求也在不断演变。工业设计专业需要紧跟时代需求并解决人们的需求。因此，我们应该多观察生活，了解人们的需求并积极参与生活中的活动，这有助于我们发现生活中存在的问题，并用创新的思维来解决这些问题。例如，近年来，随着我国人民生活水平的提高，人们休闲娱乐的方式越来越多样化。加上人们对养生和健康生活的重视，越来越多的人希望与亲朋好友一起在户外亲近大自然，度过周末或假期。因此，与户外活动相关的产品设计成为一个热门方向。另外，当我们在医院输液时，常常会因输液时间较长而忘记检查液体是否输完。发现了这个问题后，有设计师以解决输液问题为设计方向，设计了重量感应输液报警器（图4-11）。

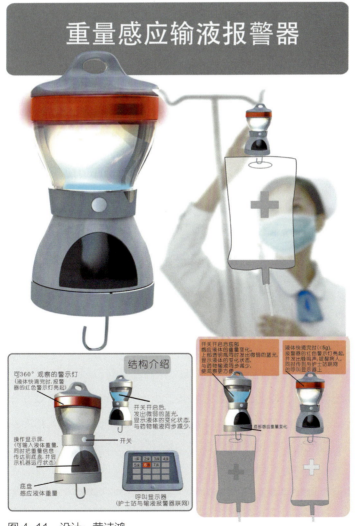

图 4-11 设计：黄诗鸿

3.2 设计程序

3.2.1 挖掘需求

在进行创新设计的过程中，我们首先要观察和思考我们的生活，发现其中存在的问题和不足，从而提出设计方向。这个过程就是挖掘人们的需求。以户外野餐和露营活动为例，目前已经有一些户外活动产品，如帐篷、地垫、天幕、户外桌椅、户外炊具等，旨在满足近年家庭户外野餐或露营的需求。然而，一些产品可能问世时间较短，设计还不够完善，或者在使用中不够便利，这时候我们需要深入分析户外活动的过程和活动中可能出现的问题。

通过对户外活动的调研，我们可能发现人们通常以家庭为单位进行户外活动，尤其是带有小孩的家庭，活动形式以野餐或露营为主。在户外活动的需求中，我们发现人们在野餐或露营中的活动过程中都需要进行用餐活动（表4-1）。然而，目前的户外用餐产品可能不能满足人们只食用干粮的简单需求，尤其是带有小孩的家庭更希望能够给孩子提供新鲜烹饪的食物。因此，我们可以从这个需求出发提出设计方向，为家庭户外活动设计能进行户外烹饪的产品。

表 4-1 户外活动的需求

户外活动形式	户外活动成员	户外活动需求
野餐或露营	以家庭为单位（以有小孩居多）	用餐、娱乐、休息

明确了设计的产品方向，再从这个方向出发，继续深入分析和挖掘烹饪过程中人们的需求，或产品使用过程中的问题。例如，方案"户外便携式厨房"的设计者在分析产品使用过程时发现，人们在户外不仅喜爱烧烤，还需要其他烹饪方式，有时候还需要加热饮用水，有时候在户外因需要大量清洁的水，可能还需要利用户外水源进行净化，有时候可能还需要用电，户外使用的烹饪产品还需要携带方便等，这些都是我们在户外烹饪可能会出现的需求。

3.2.2 提出解决方案，进行造型设计

根据前一阶段找到的产品设计方向，进行分析，主要分析上一阶段挖掘出的人们需求的解决方案，将解决方案提炼成具体的功能、结构方案，在进行产品造型设计时，我们要将这些功能与结构应用到产品的造型中。思考的过程要发挥创新思维，以前面学习中的例子为例，设计水杯可以被看作设计装水的容器，自行车可以被看作是设计代步的工具。这种思维方式帮助我们找到产品的核心功能或人们使用的本质需求，是一种跳出惯性思维的方法。惯性思维使我们习惯沿用旧有的思想模式和思路尝试解决问题，因此，我们在解决问题时，必须设法有效地摆脱惯性思维[4]。以方案"户外便携式厨房"为例，设计师在产品造型中跳出以往将每个单独部件作为独立产品的思维，而是将烧烤、加热、

烹饪食物、水源净化、补充电能等多个功能部件集中在一个造型上，形成了一个整体的产品造型。在进行造型设计时，造型设计还要与产品的功能和结构相契合，同时要符合现代人对美的追求。在方案中，针对发现的问题提出解决方案，把这些解决方案提炼成具体的功能和结构的方案：产品要能烧烤，就要有烧烤架；要加热或烹饪食物，就要有加热的灶具；要净化户外水源，就要有净化水源的净化器；需要能补充电能，就最好能发电；需要携带方便，就要能收折、拖拉、移动的功能和结构（表4-2）。

表4-2　功能与结构的提炼

序号	挖掘出解决方案	提炼成功能	提炼成结构
1	烧烤	烧烤	烧烤架
2	加热、烹饪食物	加热灶	
3	能对户外水源进行净化	净化	
4	要能补充电能	发电、储电	
5	需要携带方便	收折、拖拉、移动	折叠、展开、拖拉

把设计的功能与结构提炼后，就可以将功能与结构导入到造型设计中。根据提炼的拖拉、移动功能与结构，在造型中可以应用拉手与轮子的形态，然后将烧烤架、加热灶、净化、发电、储电功能应用到产品造型中。从提炼功能和结构到转化为造型，整个思维过程见表中（表4-3）。方案"户外便携式厨房"的造型设计先从整体出发，设计成把所有功能集成在一个产品上的整体造型。再从发电和储电功能入手，设想用物理机械运动的方式来完成发电与储电，设计者应用了沙漏的原理来产生重量变化进行发电，在造型过程中发电部分就设计成可以旋转的沙漏形（图4-12）。对于其他功能与结构，如烧烤架、加热灶等，要集成在一个产品上，就需要造型更加轻便、结构更加灵活。因此，烧烤架、加热灶的设计需要与整体造型契合，并具备展开和折叠的功能。功能和结构被提炼成设计需求后，就将提炼出的内容转化为造型设计（图4-13）。

表4-3　造型设计的过程图表

序号	挖掘出解决方案	提炼成功能	提炼成结构	造型设计
1	烧烤	烧烤	烧烤架	契合整体外形的轻薄造型
2	加热、烹饪食物	加热灶		契合整体外形的轻薄造型
3	能对户外水源进行净化	净化		集成到整体外形中
4	要能补充电能	发电、储电	旋转旋轴	沙漏形
5	需要携带方便	收折、拖拉、移动	折叠、展开、拖拉	拉手与轮子的形态

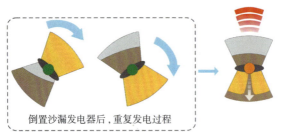

倒置沙漏发电器后，重复发电过程

图 4-12　倒置沙漏发电器设计

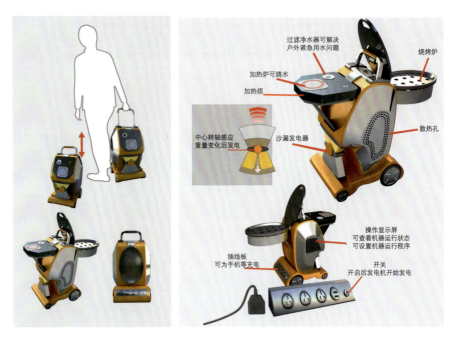

图 4-13　产品的功能与结构解释图

3.2.3　设计说明撰写与设计排版

在产品造型设计完成后，设计师需要进行设计说明的撰写和设计排版。特别对于该案例中"户外便携多功能厨具"，由于它将多个部件集成在一个产品中，设计排版必须在展示清楚产品的每个部分的同时，保持整体版面的整洁与清晰，避免信息杂乱。在该案例的版式设计中，设计师采取了巧妙的布局。将设计效果图和设计使用图用大图的形式放在版面的顶部显眼位置，这样让人一眼就能明白产品的使用信息。而内容部分则逐步清晰地介绍了产品各个部分的功能、结构、造型等信息，以清晰的文字表达了设计师的设计意图（图 4-14）。

图 4-14　设计：李广玉

从上面的案例我们可以看出，从挖掘需求到提出解决方案进行造型设计，整个过程都是在针对需求进行设计，最后的产品造型也是基于人们的需求而得来的。关注时代和人们新的需求应该是我们持续研究的方向，满足需求是设计的核心目标。人类社会发展一直是在发现新的需求，解决需求的过程中推动社会进步，所以我们的设计也应该关注人们与社会活动的各种需求，我们进行的产品造型设计就不仅仅是外部的造型，更重要的是通过设计与人的心意与需求契合，赋予产品灵魂。

参考文献
REFERENCES

［1］朱钟炎.朱钟炎产品造型设计教程［M］.武汉：湖北美术出版社，2006.

［2］包海默，刘雪飞，王英钰.产品设计造型基础［M］.中国水利水电出版社，2012.

［3］李亦文.产品开发设计［M］.南京：江苏美术出版社，2008.